경북대학교 학술총서 31

# 대기환경 무엇이 문제인가

윤일희 지음

경북대학교출판부

**윤일희** ihyoon@knu.ac.kr

지은이 윤일희 교수는 경북대학교 사범대학 지구과학교육과를 졸업한 뒤 서울대학교 대학원에서 기상학으로 이학석사학위와 이학박사학위를 받았다. 옮긴 책으로는 『대기오염기상학』, 『미기상학개론』, 『미기상학 제2판』, 『알기쉬운 대기오염학』, 『현대기후학』, 『천재들의 과학노트 6 대기과학』 등이 있으며, 지은 책으로 『고등학교 지구과학 Ⅰ, Ⅱ』, 『대기과학의 기본과 실습』, 『스토리 기상학』, 『D-Day 예보에 참여한 기상학자들』 등이 있다. 현재 경북대학교 사범대학 과학교육학부 지구과학교육전공 교수로 재직하고 있다.

경북대학교 학술총서 31

**대기환경 무엇이 문제인가**

**찍은날** 2008년 10월 13일 | **펴낸날** 2008년 10월 15일
**지은이** 윤일희
**펴낸이** 노동일 | **펴낸곳** 경북대학교출판부
**출판등록** 1973년 10월 10일 ㉣97호 | **주소** 대구광역시 북구 산격동 1370번지
**전화** 053-950-6741~3 | **팩스** 053-953-4692 | **E-mail** press@knu.ac.kr
**Homepage** http://knupress.com

**정가** 16,000원
ISBN 978-89-7180-240-3 93450

# 머리말

스웨덴 노벨위원회는 2007년도 노벨평화상 수상자로 앨 고어 전 미국 부통령과 유엔 정부간 기후변화 위원회(IPCC)를 공동 수상자로 선정했다. 위원회는 이들을 수상자로 선정한 이유에 대해 "인간이 야기한 기후변화에 대한 지식을 널리 알리고 기후변화 문제 해결의 기초를 다지는 데 노력한 공로를 인정했다"고 밝혔다.

고어는 환경운동가로 변신해 왕성한 활동을 벌임으로써 기후변화 문제를 국제 사회의 시급한 과제로 부각시키는 데 결정적인 기여를 했다는 평가를 받고 있다. 그는 지구온난화 문제를 다룬 다큐멘터리 '불편한 진실'로 2007년 아카데미상 장편 다큐멘터리 부문 상을 수상하기도 했다. 공동 수상자인 IPCC는 3,000여 명의 대기과학자와 해양학자, 경제 전문가 등으로 구성된 유엔 산하 조직으로 1988년에 창설되었다. IPCC는 지구온난화와 그 영향에 관한 연구에 있어 세계 최고 권위를 지닌 국제기구로 평가받고 있다. IPCC는 지난 20년 동안 4차에 걸쳐 보고서를 발간하여 대기오염물질들로 인한 기후변화의 심각성을 경고했다.

1930년대 미국 제너럴 모터스(General Motors; GM)의 화학자들이 탄소, 염소, 플루오르 원자들을 결합시켜 새로운 화합물인 CFCs를 만들었다. 대기권으로 유입된 이러한 화합물들이 지구의 방패인 오존층에 구멍을 낼 수 있다는 것을 우리가 어떻게 알 수 있었을까? 오존구멍은 처음 남극에서 발견되었으나, 연구자들은 그 후 이 현상이 지구의 모든 장소에서 일어난다는 것을 발견하였다. 250년 전 산업혁명이 일어나 석탄이 연료로 사용될 때, 연소의 부산물로 발생해 대기권에 축적된 이산화탄소가 지구 기후를 변경시킬 가능성에 대해 우리가 예측할 수 있었을까? 연소의 부산물인 질소산화물과 황산화물들이 산성비를 생성할 것을 우리가 알 수 있었을까? 자연적으로, 혹은 인공적으로 발생한 탄화수소물과 결합된 질소산화물들이 지상 부근에서 인간의 건강뿐만 아니라 식생에도 해를 끼칠 만큼의 오존을 만들 수 있다는 것을 아는 사람이 있었겠는가? 인간 생활 부산물과 동물 배설물의 처리나 농작물에 사용된 질소 비료가 대기권 내에 질소산화물의 증대를 가져올 것을 예견할 수 있었을까? 또는 소의 반추나 벼 경작이 대기 중의 메탄 양 증가에 관련될 가능성을 예견할 수 있었을까?

일이 벌어지기 전에는 이러한 결과들을 예견하지 못한 것이 사실이다. 그리고 현재 우리가 할 수 있는 일은 이러한 문제 때문에 발생하는 앞으로의 피해를 최소화하는 데 있다. 과거로부터의 메시지는 현재 기술을 발전시키는 것보다 기술 혁신을 이루는 것이 더 쉽다는 것이었다.

이 책에서 언급된 대기환경 문제 모두는 서로 관련을 맺고 있다. 이산화탄소, 아산화질소, 메탄의 양의 변화에 영향을 끼치는 과정들을 이해하지 못한다면 성층권에 대해 제대로 알 수 없다. 기후변화는 성층권의 역학과 성층권 내의 오존 양, 분포 등과 밀접한 관계를 맺고 있으며, 대기권 하층의 온난화는 한대 지역의 오존 손실을 야기하는 제반 조건들을 악화시켜 성층권의 한랭화를 초래할 수 있다. 다시 말하면, 성층권의 변화는 대기권의 조성과 기후 모두에게 밀접한 관련이 있는 대기권 하층의 화학을 변화시킬 수 있다.

실제, 대기권은 수권과 생물권의 연장선상에서 고려되어야 한다. 대기권은 수권과 생물권뿐만 아니라 지권과도 깊이 연관되어 있다. 화석연료의 채광은 퇴적물과 대기권, 수권, 생물권 사이의 탄소 양을 결정하는 전 세계적인 강제력의 가속에 공헌하고 있다고 보아야 한다. 산성비는 황과 질소의 유통과 분포에 관여하는 생지화학적 순환 요란에 대한 생물상의 반응으로 보아야만 한다.

이 책은 다양한 독자들을 대상으로 쓰였다. 이 책이 대기환경 문제에 관심이 있는 일반 과학도를 위한 유용한 개론서로서 제공될 수 있기를 희망한다. 또한 이 책은 '경북대학교 2007년도 저술 장려 연구비'에 의해 집필되었다. 지원에 감사드린다. 또한 유난히 무더운 날씨에도 불구하고 출판에 힘을 기울이신 경북대학교출판부 관계자들에게도 감사를 표하고 싶다. 특히 원고 교정을 해주신 오희진 선생님께도 감사드린다.

2008년 10월 9일

윤일희

# 차례

# 제1장◉ 서론

산업혁명이 시작되면서 나무에서 석탄으로 연료가 대체되었다. 열펌프, 내연기관, 전기를 발전하고 분배하는 수단 등의 발명은 우리가 살아가는 방식을 변화시켰고 우리의 삶의 질을 개선하도록 고안된 수많은 기술을 낳게 하였다. 그러나 이로 인해 인류는 많은 비용을 지출하게 된다. 그것은 물론 환경 문제 때문이었다. 산업혁명 초기 단계 동안, 화석연료 사용에 관련된 대기의 질 문제가 잉글랜드와 미국에서 등장하였다. 그 후 1940년대와 1950년대 초반 더러운 연기를 포함한 공기 문제는 펜실베이니아 주 도노라 시와 잉글랜드 런던 시에서 수천 명의 사망자와 그 이상의 환자가 발생한 극심한 대기오염 재앙으로 확대되어 나타났다.

당시 사람들은 이 문제를 매우 안이하게 생각했다. 더 청정한 연료를 태우는 것, 굴뚝 연기로부터 입자들을 제거하는 것 또는 굴뚝을 더 높게 만드는 것과 여러 곳으로 문제를 분산하는 것으로 문제는 해결된 듯이 보였다. 그러나 도노라와 런던 스모그는 단지 시작에 불과했으며, 더 심각한 문제들이 우리에게 다가왔다. 여기에는 산성비, 광화학 스모그, 지구 기후변화의 위협이 포함된다.

화석연료 사용으로 유발되는 환경 문제의 역사에는 논쟁적인 경향이 존재하므로 이를 선택적으로 설명하고자 한다. 환경 문제는 생성원이 존재하는 지상 부근에서 일어나는 경향이 있어 여기에 새로운 기술들이 도입되었다. 석탄과 석유를 사용하는 화력 발전소에서 배출되는 연기를 분산시키기 위해 높은 굴뚝을 설치하였을 때, 인류는 아직 산성비에 대해 아는 바가 없었다. 자동차를 상용으로 사용하기 시작하였을 때 탄화수소 및 질소의 산화와 함께 햇빛이 상호작용하여 공중 건강을 해치고 식물의 광합성 능력을 저하시키는 오존을 발생시킬 것이라고 예견한 사람은 아무도 없었다.

화석연료에 의존하는 도로, 도시, 산업체에 대한 주요한 투자가 너무 방대하기 때문에 조금씩 해결책을 찾는 것과 문제의 원인에 내재되어 있는 것을 취급하는 것이 잠재적으로 더 효과적이다. 에너지 수요에 대체적이고 더 환경적으로 받아들여지는 해결책보다는 임의 문제를 기술적으로 조정하는 방법을 찾는 것이 더 쉽다. 이산화탄소의 농도 증가에 따른 문제는 인류가 긴급히 해결책을 찾아야 하는 매우 시급한 문제이다. 만약 이 문제 해결에 실패한다면, 전 세계 생명체를 보호하는 시스템이 위험해질 것이고 인류 문명도 되돌릴 수 없는 피해를 입게 될 것이다.

오늘날 대기의 조성이 지구의 현세 역사에서 전례가 없는 비율로 변화하고 있다는 것은 명백하다. 이산화탄소의 양은 과거 1세기 동안 약 25 %가 증가하였고, 수십 년 후에는 50 % 이상 증가할 것으로 예상되고 있다. 메탄의 농도는 100배 이상 높아졌다. 이산화탄소와 메탄의 현재 농도는 과거 그 어느 때보다도 더 높다. 전 세계적으로 산화질소의 생산은 과거에 비해 거의 40 % 증가하였다. CFCs의 농도는 1930년대 이들 화합물에 대기권이 처음 노출된 이후 급격히 증가하였다. 이런 변화들은 인간 생활의 부산물로서 인간에 의해 유발된 것이다. 극도로 짧은 시간 동안 인류는 지구 대기권의 조성을 변화시켰다.

이 책에서는 현재 우리가 당면하고 있는 4가지 대기환경 문제에 대해 설명하고자 한다. 즉 도시 규모인 도시 대기오염과 스모그, 국지 및 지역 규모인 산성비 문제, 전 세계 규모로 일어나는 오존구멍과 지구온난화에 대해서이다.

도시 대기오염 및 스모그(제2장)는 자동차, 굴뚝, 다른 인간 발생원으로부터 배출되거나 이미 배출된 선구물질로 인해 대기 중에 화학적으로 형성된 기체와 입자들의 옥외 형성으로 특성지어진다. 스모그는 인간과 동물의 건강, 각종 구조물과 식생 등에 영향을 미친다. 도시 스모그는 수십~수천 km 규모로 발생한다.

산성비(제3장)는 대기 중의 황산, 질산, 염산이 기체 상태로 지면에 침적되거나 빗물, 안개수 또는 입자들 내에 용해되어 나타난다. 산성침적은 토양, 호수, 삼림, 구조물에 해를 끼치며, 규모가 큰 경우 인간에게도 영향이 간다. 산성침적은 수 m에서 수천 km 규모로 발생한다.

남극 오존구멍과 전 세계 오존 감소(제4장)는 인간이 만든 염소와 브롬 화합물에 의해 광범위하게 발생한다. 염소와 브롬 화합물들을 대기 중에 배출되어 상층 대기에 도달한 뒤에만 깨어진다. 오존 감소는 태양으로부터 지면에 도달하는 자외선 복사의 강도를 증가시킨다. 맹렬한 자외선 복사는 지표면에 존재하는 미생물들을 파괴하고 인간과 동물에 피부암을 일으킨다. 남극 오존 고갈은 북미 크기의 지역에서 발생한다. 오존 고갈은 전 지구적으로 발생한다.

지구온난화(제5장)는 이산화탄소, 메탄, 아산화질소, 기타 기체들, 블랙카본 분진이 인간 배출에 기인하는 것으로 전 지구적 온도 상승, 강우 유형 변화, 해수면 상승 등의 문제를 유발한다. 지구온난화는 지역적인 영향에 의해서 발생하는 전 지구적 문제이다.

지구온난화 문제 연구에 전념한

# 버트 리처드 요하네스 부린

Bert Richard Johannes Bolin, 1925~2007

스웨덴의 기상학자로서 UN IPCC 초대 위원장을 지냈다. 2007년 IPCC의 노벨평화상 공동 수상에 기여하였다.

스웨덴 기상학자인 버트 부린은 1925년 3월 15일 스웨덴 니쇄핑(Nyköping)에서 태어났다. 1946년 그는 스웨덴 웁살라 대학교(the Uppsala University)를 졸업하였다. 그는 스톡홀름 대학교(the Stockholm University)에서 1949년 기상학으로 석사학위를, 1956년 기상학으로 박사학위(Ph.D)를 받았다.

그는 대기순환에 수학을 적용하는 연구를 시작하여 컴퓨터용 날씨 예측 방정식을 고안하였다. 그러나 그의 주 연구 분야가 탄소 순환으로 바뀜에 따라 그의 관심사 역시 인간이 대기권으로 유입시키는 여분의 이산화탄소에 관한 것으로 바뀌었다[1]. 1959년 5월 초, 부린은 1850년부터 2000년에 이르는 150년 기간 동안 지구 대기권 내의 이산화탄소 양이 25 % 증가할 수 있다는 점을 경고하기 위해 워싱턴 미국 국립과학원에 방문하였다. 그는 향후 50년 안에 이산화탄소가 지구 온도의 2~3 ℃ 상승을 초래할 것이라고 언급하였다.

부린은 스톡홀름 대학교에서 1961년부터 1990년까지 기상학 교수로

1) http://www.guardian.co.uk/obituaries/story/0,2237392,00.html

재직하였으며 유럽우주연구기구(현재 유럽우주국)의 과학 담당 소장을 역임하였다. 또 1968년부터 1971년까지 세계대기연구프로그램(the Global Atmospheric Research Program; GARP)의 책임자로서 기후 연구와 정책 개발에 근본적인 공헌을 하였다. GARP는 국제과학위원회(the International Council for Science)와 WMO가 세계 날씨와 기후 연구를 위해 만든 기구이다[2].

1974년 부린은 세계기후연구프로그램(World Climate Research Programme; WCRP) 결성을 위한 제1회 국제 콘퍼런스를 개최하였다. WCRP는 1980년에 실행되었다. 1985년과 1986년 사이에는 전 세계 변화에 대한 연구인 국제지권・생물권프로그램(the International Geosphere Biosphere Programme; IGBP)을 위해 ICSU(International Council for Science)가 제안한 위원회의 위원장을 맡았다. 이것은 1986년에 시행되었다. 또한 1983년부터 1986년까지 스웨덴 정부 과학자문위원회(the Scientific Advisory Board)의 위원을 역임하였으며, 1986년부터 1988년까지는 스웨덴 총리의 과학 담당 자문역을 맡았다.

그는 1988년부터 1997년까지 국제연합 정부간기후변화위원회(the Intergovernmental Panel on Climate Change; IPCC)를 결성하여 초대 위원장을 역임하였다. IPCC는 1987년에 제출된 세계 환경・개발 위원회(the World Commission on Environment and Development)의 보고서에 기초한 UN 결의에 따라 UNEP와 WMO가 창설하였다. IPCC는 1990년 기후변화의 과학적인 이해에 대한 첫 번째 평가를 만들어 내었다.

버트 부린은 여러 방면에 걸쳐, 특히 기상학과 기후변화에서 약 170여 편의 논문과 책을 저술하였다. 그는 전 세계 9개 과학원의 회원이었다[3]. 그의 마지막 프로젝트는 『기후변화의 과학과 정치의 역사 *A History of the*

---

2) http://www.timesonline.co.uk/tol/comment/obituaries/article3153999.ece

3) http://www.igbp.kva.se/booklaunch/Biog_Bolin.pdf

**그림 1-2** 2007년 11월에 출판된 스웨덴의 기상학자 버트 부린의 『기후변화의 과학과 정치의 역사(*A History of the Science and Politics of Climate Change*)』의 표지.

*Science and Politics of Climate Change*』란 책(그림 1-2)을 완성하는 것이었다. 이 책은 2007년 11월 출판되었다[4].

버트 부린은 기후 연구로 많은 상을 받아 영예를 얻었다. 1984년에 '카를 구스타브 로스비 메달(Carl-Gustaf Rossby Medal)'을, 1988년 '타일러 상(Tyler Prize for Environmental Achievement)'을, 1995년 미국기상학회의 최고 대기과학 상과 환경과학 분야의 노벨상으로 간주되는 '푸른 행성 상(Blue Plant Prize)'을 수상하였다. 2007년 노벨평화상은 IPCC와 앨 고어(Albert Arnold Gore Jr., 1948~ ) 미국 전 부통령이 공동 수상하였다[5].

버트 부린은 2007년 12월 30일, 향년 82세로 스톡홀름에서 별세하였다.

4) http://www.independent.co.uk/news/obituaries/bert-bolin-meteorologist-and-first-chair-of-the-ipcc-who-cajoled-the-world-into-action-on-climate-change-768355.html

5) http://www.nytimes.com/2008/01/04/obituaries/04bolin.html

# 제2장◉ 도시 대기오염

대기오염은 아주 작은 규모에서부터 전 지구 규모에 이르기까지 매우 다양한 형태로 나타난다. 규모가 작은 경우, 개별 오염물질들을 방출하는 점 오염원은 단순한 불쾌감에서부터 신체 손상까지 일으킬 수 있다. 도시 규모인 경우, 석탄연소나 자동차 매연으로부터 방출되는 고농도의 기체와 입자들은 대기 질을 심하게 악화시키고, 건강을 심각하게 손상시킬 수 있다. 지역 규모에서 대류권 오존 형성과 산성침적은 심각한 위협이 되고 있다. 나아가 이산화탄소의 배출과 활성가스들의 배출은 성층권의 오존 고갈을 초래하고 전 지구적으로 대기환경을 위협하고 있다.

20세기 초 전 세계에서 도시 거주 인구는 약 2 %에 불과했다. 그러나 21세기에 들어오면서는 인구의 약 50 %가 도시에 거주하고 있다. 이러한 도시화 경향은 최근 들어 더욱더 심화되어, 2010년에 이르면 전 세계 인구의 60 % 이상이 도시에 거주할 것으로 추정되고 있다[1)].

도시 지역은 대기의 주 오염원이다. 도시 내 대기 질을 악화시키는 오염

---

1) Lynch, Kenneth, 2004 : Managing Urbanisation. In *Global Environmental Issues*. Harris, Frances(editor), John Wiley & Sons, Ltd., 195-196.

물질들은 인간 건강에도 영향을 미치는 것으로 알려져 있다. 지난 수십 년 동안 도시 대기오염으로 야기되는 각종 환경 문제들에 관한 공공기관 및 정부의 관심은 증대되었다. 도시 대기오염 문제는 전 세계에 걸쳐서 확대되고 있으며 과학자들은 대기오염이 인간 건강에 끼치는 악영향을 해소 또는 저감시킬 방법을 찾는 데 주력하고 있다.

이 장에서는 도시 대기오염의 역사, 광화학 스모그, 대기권 내에서의 오염물질 제거 과정, 대기오염에 영향을 미치는 기상현상, 대기오염의 효과 등에 대해 알아보고자 한다.

## 1. 도시 대기오염의 역사

대기오염이 20세기에 한정된 문제가 아니라는 사실은 매우 흥미롭다. 하지만 20세기 전까지 대기오염은 과학으로 해결해야 할 과제가 아닌 단순한 관리 또는 법률상의 문제로 취급되었다. 관련 규정은 보통 약하거나 강제성이 없었고 대기오염과 관련된 건강 문제는 이해되지 못하였기 때문에 결국 대기오염 문제에 대한 해결책 탐색은 거의 진전이 없었던 것이다[2]. 여기에서는 1200년 이전 시대부터 현재까지 도시 대기오염의 역사에 대해 살펴보고자 한다.

2) Jacobson, Mark Z., 2002 : *Atmospheric Pollution-History, Science, and Regulation.* Cambridge University Press, p. 82.

## 1) 1200년 이전 시대

인류가 처음 불을 발견했을 때부터, 적어도 그것이 사용된 동굴이나 텐트 내에서는 어느 정도 오염이 나타나기 시작했다. 야금술, 도자기 제조 기술, 동물 생산물의 저장 과정 등이 대기오염을 유발했다. 기원전 4000년 경부터 구리와 금을 단조하기 시작하였으며 진흙을 유약으로 사용하였다[3]. 기원전 1000년 이전에도 철의 사용이 보편화됐고 가죽도 가공하여 사용하였다[4].

고대 그리스의 족장들은 악취원을 마을의 외곽에 설치한 임무를 지니고 있었다. 또한 고대 로마에서는 대기오염 때문에 민사 소송이 빚어지기도 했다. 로마 시인 호라티우스(Horace, 65~8 B.C.)는 수천 개의 나무가 타면서 일어나는 불꽃에 대해 기록하였고[5], 이 때문에 건물들이 검게 변색되는 것에 대해서도 언급하였다[6]. 대기오염 사건은 강한 역전층이 존재할 때 연소함으로써 발생하였고 이를 로마 사람들은 'heavy heavens'라고 불렀다.

서기 61년 로마의 철학자 세네카(Lucius Annaeus Seneca, 54 B.C.~39 A.D.)는 다음과 같이 말하고 있다. "로마의 짙은 공기와 해로운 증기와 검댕으로 뒤섞여 고약한 냄새를 내뿜는 굴뚝의 연기를 접하자마자 나는 내 정신이 아니라는 느낌을 받았다."[7]

---

3) 윤일희 역, 1998 : 대기오염기상학. 시그마프레스, p. 3.

4) 박종길, 윤일희, 조완근, 이부용, 이기호, 김조천, 박문기, 이병규, 전병일 역, 2002 : 알기쉬운 대기오염학(개정판), 동화기술, p. 18.

5) Hughes, J. D., 1994 : *Pan's Travail : Environmental Problems of the Ancient Greeks and Romans*. The Johns Hopkins University Press, Baltimore.

6) Brimblecome, P., 1999 : Air pollution and health history. In *Air Pollution and Health*, Holgate S. T., J. M. Samet, H. S. Koren and R´ L. Maynard, eds. Academic Press, San Diego, pp. 5-18.

고대의 또 다른 오염원은 구리 제련이었다. 로마 시대 동안 지중해 부근과 중국 송나라(960~1279)에서 동전을 생산하기 위해 이루어진 구리 제련은 대기 중의 구리 농도를 증가시켰고, 이는 그린란드 얼음 코어 측정에서 감지되고 있다[8]. 석탄은 서기 1,000년 전부터 채굴되고 사용되었다. 이것이 상당한 대기오염을 유발했다는 사실은 의심의 여지가 없다.

### 2) 1200년부터 1700년까지

중세 시대 런던에서의 주요 오염원은 산화칼슘인 생석회를 만드는 과정에서 발생하였다. 중세 사람들은 생석회를 만들기 위해 오크 나뭇가지를 연료로 사용하여 가마에 탄산칼륨을 함유하고 있는 석회석을 넣고 가열하였다. 그 당시 생석회는 시멘트, 소석회, 건축 재료 등으로 사용하기 위해 물을 섞어 반죽하였다. 이 과정에서 유기가스, 일산화질소, 이산화탄소, 유기 분진들이 공기 중에 배출되었다.

가루 모양의 역청탄이 1228년 무렵 런던에 도입되었고, 점진적으로 나무를 대신할 가마와 용광로의 연료로서 자리잡게 되었다. 1200년대 중반 땔감 나무가 부족해지자 역청탄의 사용이 폭발적으로 일어나게 되었다. 런던의 석탄 판매업자들을 시 콜 레인(Sea Coal Lane)에 살고 있었고, 그들은 라임버너스 레인(Limeburner's Lane) 근처에 상주하던 석회 제조자에게 석탄을 판매하였다[9]. 한 용광로 당 연소되는 석탄의 양은 석회 가마당 연소되던

---

7) Eagleman, Joe R., 1996 : *Air Pollution Meteorology(2nd ed.)*. Trimedia Publishing Company. p. 1.

8) Hong, S., J. P. Candelone, C. C. Patterson, and C. F. Boutron, 1996 : *History of ancient copper smelting pollution during Roman and Medieval times recorded in Greenland ice*. Science, 272, 246-248.

양의 수천 분의 1에 불과하였다. 역청탄 연소로 이산화황, 이산화탄소, 일산화질소, 매연, 유기 분진들이 공기 중으로 방출되었다.

역청탄 연소로 인한 런던의 오염은 1285년을 기점으로 매우 심각해졌고 이를 개선하기 위해 위원회가 구성되어 여러 해 동안 활동하였다. 1306년 에드워드 1세는 석회 가마에 석탄을 사용하는 것을 금지하였고, 이를 어길 경우 많은 벌금을 부과하고 용광로를 압류하였다. 이 금령은 1329년 그 효력을 상실하였다.

13세기에서부터 18세기 사이에 역청탄과 숯의 사용이 잉글랜드에서 증가하였다. 석탄은 석회 가마와 용광로뿐만 아니라 유리 용광로, 벽돌 용광로, 양조장, 가정 안방에서도 사용되었다. 서기 1600년경에는 코크스를 석탄으로 만들었는데 이것이 철 용융제로 사용되기 시작한 시점부터 대기 오염 문제는 필연적으로 증가하였다. 대기오염에 관해 관심을 가진 초기 작가 중 한 사람은 1661년 『매연대책론 *Fumigation, or The Inconveniencie of the Aer and the Smoake of London Dissipated*』을 쓴 존 이블린(John Evelyn, 1620~1706)[10]이었다. 그는 런던의 연기가 어떻게 교회, 광장, 의복, 가구, 그림, 비, 이슬, 물, 식물을 더럽히는지에 대해서 설명하면서 이 문제에 대해 '양조업자, 염색업자, 석회제조자, 소금과 비누 제조업자'들을 비난하였다. 그는 이 내용을 찰스 2세 왕과 국회에 제출하였다.

### 3) 1700년부터 증기기관이 등장한 1840년까지

18세기 증기기관이 발명되면서 대영제국의 대기 질은 매우 나빠졌다.

---

9) Brimblecome, P., 1987 : *The Big Smoke*. Methuen, London.

10) 잉글랜드 문인으로서 영국학술원 창립 발기인 중의 한사람이다.

증기기관은 석탄을 태워 에너지를 얻는 기계이다. 이러한 아이디어를 처음 낸 사람은 프랑스의 물리학자인 드니 파팽(Denis Papin, 1647~1712; 그림 2-1)이었다.

**그림 2-1** 프랑스의 물리학자인 드니 파팽. 대기압을 동력으로 이용한 연구로 유명하다.(출처 : http://en.wikipedia.org/wiki/Denis Papin)

드니 파팽은 1673년 파리에서 네덜란드 물리학자인 크리스티안 호이헨스(Christiaan Huygens, 1629~1695)[11)]와 독일의 자연과학자인 고트프리트 라이프니츠(Gottfried Wilhelm von Leibniz, 1646~1716)와 함께 일하였는데, 이때 동력을 발생시키는 데 진공을 이용하는 것에 관심을 가지게 되었다[12)]. 그는 1676년부터 1679년까지 로버트 보일(Robert Boyle, 1627~1691)과 함께 일하면서 압력솥을 발명한 적이 있었다. 압력솥 안의 물은 닫힌 뚜껑 밑에서 끓었다. 압력솥 내의 공기에 고온의 수증기가 더해지면 솥뚜껑에 가해지는 전체 압력은 증가한다. 파팽은 높은 압력이 뚜껑을 들어올린다는 사실을 알았다. 그는 이 현상을 보고 증기가 실린더 속의 피스톤을 들어올리는 데 사용될 수 있다는 아이디어를 얻게 되었다. 또한 파팽은 실린더가 움직임에 따라 일을 할 수 있을 것이라는 것도 알게 되었다. 그는 이러한 실린더-피스톤 증기기관을 고안하였지만, 실제로 만들지는 않았다.

잉글랜드 공학자 토머스 사베리(Thomas Savery, 1650~1715)는 파팽의 아이디어를 바탕으로 1698년 최초의 실용적인 증기기관을 출원하였다. '광부의

---

11) 파동 이론과 광학 분야에 지대한 공헌을 하였다.

12) 윤일희, 2006 : 스토리기상학. 경북대학교출판부. p. 156.

친구'라 불린 이 기관은 탄광의 물을 퍼내기 위해 펌프질 동력으로 말을 대신하였다. 한계점은 높은 압력 하에서는 잘 작동되지 않는다는 것이었다. 사베리의 뒤를 이은 사람은 잉글랜드의 공학자인 토머스 뉴커먼(Thomas Newcomen, 1663~1729)이었는데, 1712년 사베리의 문제점을 개선한 변형된 증기기관을 개발하였다. 사베리가 증기기관에 대해 특허를 출원했기 때문에 뉴커먼은 자신의 엔진 사업을 위해 그를 동업자로 선택할 수밖에 없었다. 뉴커먼의 엔진은 광산 밖으로 물을 퍼내고 수차를 돌리는 데 사용되었다. 18세기 초 증기기관은 매우 효율성이 낮아 최대 가능 에너지의 단지 1%밖에 사용할 수 없었다[13]. 탄광은 도시 근처에 위치하지 않았기 때문에, 초기 증기기관은 도시 오염에 큰 영향을 주지 않았다[14].

1763년 스코틀랜드의 공학자이며 발명가인 제임스 와트(James Watt, 1736~1819; 그림 2-2)가 뉴커먼 증기기관의 수리를 부탁받았다. 그는 기관을 고치는 동안, 효율성을 개선할 수 있다는 것을 깨달았다. 이 아이디어에 몇 년을 매달린 끝에 그는 증기를 압축하는 데 필요한 단일 증기실이 내장된 기관을 개발하였다. 1769년 그는 개량된 증기기관의 특허를 취득하였다. 와트는 1800년까지 더욱더 개량에 힘썼다. 엔진 내의 증기가 피스톤의 양쪽에 공급되도록 하고 엔진 내의 피스톤의 운동

**그림 2-2** 증기기관을 개량한 스코틀랜드의 공학자 겸 발명가인 제임스 와트(출처 : 윤일희, 2006)

---

13) McNeil, J. R., 2000 : Something New under the Sun, W. W. Norton & Company Ltd., New York.

14) Jacobson, Mark Z., 2002 : *Atmospheric Pollution-History, Science, and Regulation*. Cambridge University Press, p. 83.

이 위·아래 대신에 원 운동이 되도록 한 것 등이 그 예다.

와트의 증기기관은 광산 밖으로 물을 퍼 올리는 역할을 했을 뿐만 아니라 제지공장, 철공장, 제분소, 면화공장, 증류소, 수로, 상수도, 기관차의 동력으로 제공되었다. 그러나 그의 증기기관 대부분은 도시에 설치되었기 때문에 대기오염을 증가시키게 되었다. 비록 그가 증기기관을 개량했다고는 하나 1800년까지는 전체 에너지 사용량의 5 %밖에 되지 않았는데도, 대기오염은 심각한 수준까지 도달하였다. 증기기관이 대형 에너지의 중심원이 되면서, 그 쓰임새도 산업혁명(Industrial Revolution, 1750~1880) 기간 동안 숙련공 상점에서 산업 생산물을 만드는 공장 시스템으로 변화되었다[15].

19세기에 증기기관이 대영제국뿐만 아니라 여러 나라에서도 새로운 에너지원으로 사용됨에 따라 이들 나라에도 대기오염이 뒤따르게 되었다. 증기기관은 1800년부터 1900년 사이 전 세계 석탄연소의 증가를 수백 배에 이르도록 하는 큰 역할을 하였다. 석탄연소에 중심을 둔 산업이 미국, 벨기에, 독일, 러시아, 일본, 인디아, 남아프리카, 오스트레일리아 등지에서 일어났다[16].

대영제국에서의 오염 문제는 증기기관의 배출뿐만 아니라 용광로와 보일러에서의 석탄연소, 그리고 공장에서의 화학물질 연소 때문에 나빠지게 되었다. 그리하여 1800년부터 1900년 사이 대기오염으로 인해 대영제국의 사망률은 전 세계 사망률보다 4배에서 7배까지 더 높게 나타났다[17].

15) Rosenberg, N. and L. E. Birdzell Jr.,, 1986 : *How the West Grew Rich*, Basic Books, Inc., New York.

16) Jacobson, Mark Z., 2002 : *Atmospheric Pollution-History, Science, and Regulation.* Cambridge University Press, p. 84.

17) Clapp, B. W., 1994 : *An Environmental History of Britain.* Longman, London.

### 4) 1840년부터 1930년까지 영국에서의 규제

대기오염 문제가 점점 심각해지자, 1843년 영국 정부는 용광로와 보일러로부터 나타나는 오염에 관한 정보를 얻기 위해 런던에 위원회를 구성하였다. 1843년, 1845년, 1846년에 오염물질 배출을 제한하는 법안이 의회에 계속 제출되었지만 모두 철회되었다. 1845년 연기를 다 태워버리는 기차 엔진을 요구하는 철도조항강화법(Railway Clauses Consolidated Act)이 제정되었다. 1846년 용광로와 보일러로 배출되는 연기의 감소를 점검하는 조항을 포함한 공중위생법이 통과되었으나 산업계의 압력으로 삭제되고, 1849년과 1850년에 제안된 부수적인 법령들도 모두 통과에 실패하였다.

1851년 배출 조항이 런던시의 하수도법안(sewer bill)에서 통과되어 소환장을 통해 집행되었다. 또한 1853년 대도시 연기방해감소법(Smoke Nuisance Abatement (Metropolis) Act)이 국회를 통과하였지만, 집행은 7년이나 지연되었다. 1863년 국회는 비누 제조시 발생하는 염산가스 배출을 줄이는 알칼리법(Alkali Act)을 통과시켰다. 대기오염 규제에 관한 조항은 이 밖에도 1858년과 1866년의 위생법(Sanitary Act), 1875년과 1891년의 공중보건법(Public Health Act), 1926년의 연기감소법(Smoke Abatement Act)에서도 등장하였다.

1900년대에는 초반부터 자동차가 대기오염 문제를 유발하는 주 오염원으로 떠올랐다. 미국의 경우, 자동차의 공장 판매 수는 1900년에 4,192대, 1920년에 200만 대, 여기에 2배가 되는 400만 대가 1925년에, 또한 그 배가 되는 800만 대가 1950년에 팔려나갔다[18]. 이처럼 자동차 사용량이 급증함에 따라 가솔린 연소도 계속해서 증가하게 되었다. 1970년 후 자동차

---

18) Boubel, Richard W., Donald L. Fox, D. Bruce Turner, and Arthur C. Stern, 1994 : *Fundamentals of Air Pollution(3rd ed.)*. Academic Press, p. 11.

에 장착하는 대기오염 조절 장치가 등장한 뒤에야 비로소 이 오염원에서부터의 압력은 안정되기 시작하여 감소하였다.

### 5) 1869년부터 1940년까지 미국에서의 초기 규제

19세기 미국의 대기오염은 대부분 제조 과정, 주택 난방, 수송용 석탄의 연소로 이루어졌다. 초기 오염 조절은 주 정부 또는 국가 기관이 아닌 각 지자체에 의해 수행되었다. 미국 최초의 대기정화법을 공포한 곳은 1869년 피츠버그 시였다. 이 법은 도시 내에서 기관차가 역청탄을 연소하는 것을 금지하는 것이었으나 집행되지 못하였다. 1881년 신시내티 시는 연기를 감소시키고 연기 감시자(smoke inspector)를 지명하는 법을 통과시켰다. 또 다시 1886년 신시내티 시에서 사망의 주요 3가지 원인이 폐(폐결핵, 폐렴, 기관지염)와 관련되었지만 이 조례는 집행되지 못하였다[19). 시카고 시에서도 1881년 연기저감법이 통과되었다. 이 법은 재판관의 도움을 받았지만, 그 효과는 미약하였다.

효과적인 규제 법안을 최초로 통과시킨 곳은 세인트루이스 시였다. 1893년 시 의회는 검은 연기 또는 짙은 회색 연기의 배출을 금지하는 법과 감시자를 지명하고 연기와 관련된 사안을 조사하는 위원회를 창립하는 법안을 통과시켰다. 이 조례는 1897년 미주리 주 재판소에서 '시의 권력 범위를 벗어나고 전체적으로 이치에 맞지 않는다'는 명목으로 파기되었다. 그럼에도 불구하고 1920년까지 175개 시에 대기오염 조례가 생겨났고, 1940년에는 200개 도시로 증가하기에 이르렀다[20).

19) Stradling, D., 1999 : *Smokestacks and Progressives.* The Johns Hopkins University Press, Baltimore.

1910년 미국 매사추세츠 주는 최초로 보스턴 시에 연기조절법을 법제화하여 대기오염을 규제하였다. 연방 정부가 대기오염을 규제하는 기관을 설치한 것은 아마도 1900년대 초 내무부 광산국(Department of Interior Bureau of Mines) 산하의 대기오염국(Office of Air Pollution)이 최초일 것이다. 이 곳의 목적은 석탄 연기의 배출을 조절하는 것이었으나 비교적 활동이 활발하지 않아 곧 폐쇄되었다.

비록 미국과 영국에서의 초기 규제가 오염을 감소시키지는 못했지만, 이러한 규제 조치는 소다재 공장에서 배출되는 염소를 재활용하는 기술과 굴뚝으로부터 배출되는 입자들을 감소시키는 데 사용되는 전기 집전기 같은 오염 조절 기술을 이끌어내었다. 이 밖에도 대기오염과 관련 없는 발명이 일부 오염 문제를 해결하는 데 도움을 주기도 하였다. 예를 들면 20세기 전기 모터가 발명되어 전기 제품의 핵심 연소원으로 기능하면서, 기존에 증기기관에 의존하던 공장들의 대기오염을 감소시켰다.

### 6) 런던형 스모그 출현

1905년 런던 석탄연기감소학회(Coal Smoke Abatement Society)의 회원이었던 데 보유(Harold Antoine Des Voeux)는 영국 전역의 여러 도시에서 볼 수 있던 연기와 안개의 합성 현상을 설명하기 위해 'smog'란 용어를 도입하였다. 'smog'는 'smoke'와 'fog'의 합성어이다. 데 보유가 1911년 'Manchester Conference of the Smoke Abatement League of Great Britain'에 1909년 글래스고와 에든버러에서 1,000명 이상의 사망자를 발생시킨 스모그 사건

20) Heinsohn, R. J., and R. L. Kabel, 1999 : *Sources and Control of Air Pollution.* Prentice Hall, Upper Saddle River, New Jersey.

을 기술한 보고서에서 이 용어를 사용한 뒤로 'smog'란 용어가 널리 퍼져 나갔다[21].

그 당시 스모그 내의 연기는 석탄과 천연재료의 연소로부터 배출된 것이었다. 석탄은 에너지를 발생시키기 위해 연소되었고 천연재료는 화학물질, 특히 비누, 세제, 세척제, 종이, 유리, 염료 같은 소비재에 사용되는 소다회를 만들기 위해 태워졌다. 소다회를 만들기 위해서 숯, 황 원소, 질산칼륨, 염화나트륨, 탄산칼슘을 함유하고 있는 천연재료들을 태우면 그 과정에서 검댕, 황산, 질산, 염산, 황화칼슘, 황화수소 등이 방출된다. 1800년대 초를 기점으로 영국과 프랑스의 소다회 생산 공장에서 이러한 배출이 많이 일어났다.

오늘날 안개가 존재하거나 하층에 역전층이 존재할 때 석탄과 화학물질이 연소하면서 생기는 연기로 인한 대기오염을 런던형 스모그(London-type smog)라 한다. 런던형 스모그에 의한 오염 사건들은 19세기와 20세기에 주로 발생하였다. 이러한 사건들이 현재와 같은 대기오염 규제에 동기를 부여하였다.

### (1) 영국 런던 에피소드

19세기와 20세기에 런던에서 여러 건의 런던형 스모그 사건이 기록되었다. 이들 가운데는 1873년 12월 사건(270~700명 이상의 평균 사망률보다 과잉 사망), 1880년 1월 사건(700~1,100명 과잉 사망), 1892년 12월 사건(1,000명 과잉 사망), 1948년 11월 사건(300명 과잉 사망), 1952년 12월 사건(4,000명 과잉 사망), 1956년 1월 사건(480명 과잉 사망), 1957년

21) Jacobson, Mark Z., 2002 : *Atmospheric Pollution-History, Science, and Regulation.* Cambridge University Press, p. 85.

12월 사건(300~800명 과잉 사망), 1962년 12월 사건(340~700명 과잉 사망) 등이 포함된다[22].

이들 에피소드 중에 최악의 경우는 1952년 12월 사건으로 4,000명 이상이 대기오염으로 사망하였다. 과잉 사망은 전 연령층에서 이루어졌으나 숫자상으로는 45세 이상이 가장 많았다. 사망자의 80 % 이상은 심장 또는 호흡기 병력을 가지고 있었다. 이 기간 동안 기온 역전층은 안개와 과도하게 배출된 오염물질들, 특히 석탄과 다른 원재료의 연소로 배출된 오염물질들이 합쳐져 재앙을 불러 일으켰다. 1952년 에피소드 동안 아황산가스와 분진의 최고 농도는 각각 1.4 ppmv와 4,460 μg $m^{-3}$으로 추정된다. 입자들과 안개가 두텁게 하늘을 덮어 런던은 마치 밤과 같이 어두웠고 버스들은 전조등을 켜야만 했다.

### (2) 벨기에 뮤즈 계곡 에피소드

1930년 12월 1일부터 5일까지, 5일 동안 벨기에 동부의 리에주(Liege)와 후이(Huy) 사이에 위치하고 있는 뮤즈 계곡 내에서 연속적으로 강한 역전층이 나타나는 동안 석탄연소로 인한 아황산가스가 과도하게 배출되어 대기오염 사건이 발생하였다. 이곳은 코크스 제조 공장, 제철 공장, 제강 공장, 유리 공장, 아연 제련 공장, 황산 제조 공장 등이 밀집해 있는 공업 지대였다[23].

처음에는 수백 명의 사람들이 호흡기 질환을 겪는 것으로 시작되어, 마지막 2일 동안 63명이 사망하고 6,000명이 발병하였다. 사망자 대부분은 노인이거나, 심장 또는 폐 질병 병력이 있던 사람이었다. 희생자의 증상은 가슴 통증, 기침, 호흡 곤란, 눈 따가움 등으로 나타났다[24].

---

22) Brimblecome, P., 1987 : *The Big Smoke.* Methuen, London.

23) 김유근, 이화운, 1999 : 대기오염개론. 시그마프레스, p. 4.

### (3) 미국 펜실베이니아 주 도노라 에피소드

미국 펜실베이니아 주 피츠버그 시는 거대한 석탄 광상 근처에 위치하고 있다. 1758년 처음으로 석탄이 철과 유리 공정의 에너지를 만들기 위해 연소되었다. 1865년 들어 미국에서 모든 유리 생산의 50 %와 철 생산의 40 %가 피츠버그 시의 앨러게니 카운티에서 이루어졌다. 1800년대 후반이 되자 앨러게니 카운티는 강철 생산을 위해 석탄을 가장 많이 소비하는 산업 단지로 알려지게 되었다. 1875년 앤드류 카네기(Andrew Carnegie, 1835~1919)[25]는 고체 적강(high-volume steel)을 생산하기 위해 펜실베이니아 주 브레독에 에드가 톰슨 제강소(Edgar Thomson Steel Work)를 창설하였다. 강철 공업은 이 지역의 다른 많은 도시로 확장되었다. 여기에는 펜실베이니아 주 레딩, 오하이오 주의 영스타운, 인디애나 주의 게리가 포함되었다. 이들 도시들은 강철공장뿐만 아니라 철공장과 기차 수송에서도 석탄을 연료로 사용하였다[26]. 앨러게니 카운티의 석탄 사용률은 피츠버그 시에서 강력한 연기저감법(strong smoke abatement law)이 통과되는 1941년까지도 줄어들지 않았다. 1941년 법의 시행도 제2차 세계대전이 끝날 때까지로 유보되었고 시행된 후로도 강제성이 결여된 까닭에 대기환경은 거의 개선되지 못하였다.

1948년 10월 26~30일까지 5일간, 기온역전이 계곡을 봉인하고 정체한

---

24) 박종길, 윤일희, 조완근, 이부용, 이기호, 김조천, 박문기, 이병규, 전병일 역, 2002 : 알기쉬운 대기오염학(개정판), 동화기술, p. 226.

25) 스코틀랜드 출신의 미국 산업 자본가이다. 19세기 후반에 미국 철강 산업을 거대하게 성장시킨 장본인으로 '강철왕'으로 불린다. 평생 모은 재산을 사회에 기부한 당대 최고의 자선 사업가로서 공공 도서관, 카네기 홀, 카네기 공과 대학, 카네기 재단 등을 설립하였다.

26) Jacobson, Mark Z., 2002 : *Atmospheric Pollution–History, Science, and Regulation.* Cambridge University Press, p. 86.

고기압이 미국 동부 지방에 자리 잡고 있었다. 그동안 고기압의 중심은 펜실베이니아 주에 위치하였다(그림 2-3 오른쪽 그림). 이러한 고기압계는 상층 역전층(기온이 높이에 따라 감소되는 것보다 증가하는 지역)이 발달되도록 하였다. 대기 중에 역전층이 발달하면, 가장 차가운 공기가 가장 낮은 고도에 존재하여 연직 혼합 능력이 감소한다. 1948년 10월의 상층 일기도(그림 2-3 왼쪽 그림)를 보면 제트류 지역 근처에 약한 바람이 나타나는 고기압성 곡률을 볼 수 있는데, 오염이 위험 수준으로 도달할 때의 전형적인 양상이다[27].

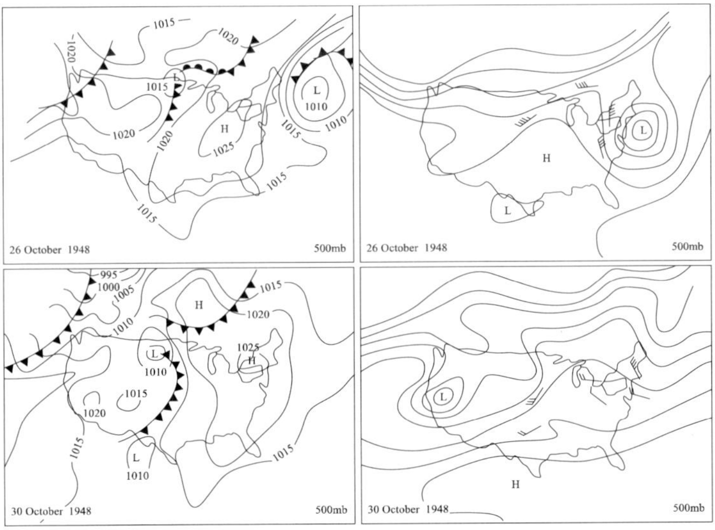


**그림 2-3** 지상 고기압계(왼쪽)와 상층 마루(오른쪽)가 여러 날 동안 미국 펜실베이니아 주에 존재하여 발생한 도노라 대기오염 사건. (출처 : Eagleman, 1996)

27) Eagleman, Joe R., 1996 : *Air Pollution Meteorology(2nd ed.)*. Trimedia Publishing Company. p. 11.

미국 펜실베이니아 주 도노라 시는 머농거힐라 강(Monongahela River)을 따라서 피츠버그의 남쪽에 위치한 마을이다. 1948년 10월 26일부터 31일까지 이곳에 강한 역전층이 존재하는 동안, 강철 제철소와 아연 제련소에서 매연, 아황산가스, 금속 가스가 과도하게 배출되어, 총 14,000명의 주민 중 20명이 사망하고 7,000명이 발병하는 대형 오염 사건이 일어났다. 20명의 사망자 중 14명은 심장 또는 폐의 문제로 사망한 것으로 드러났다. 노소를 막론하고 모든 연령대에서 발병하였다. 대부분의 발병은 3일째에 일어났다. 증상은 기침, 목 통증, 가슴 압박, 숨가쁨, 눈 따가움, 메스꺼움, 구토를 동반하였다.

### 7) 광화학 스모그 출현

광화학 스모그(photochemical smog)는 광화학반응에 의해 생성되는 것으로 주로 질산과산화아세틸(peroxyacetyl-nitrate; PAN)로 구성된다. PAN은 대기 중의 다른 대기오염물질들로부터 형성되는 이차 오염물질이다[28]. 광화학 스모그는 세계 대부분의 대도시에서 나타나는데, 특히 멕시코시티, 산티에고, 도쿄, 베이징, 요하네스버그, 아테네, 서울 등에서 뚜렷하게 관측된다. 런던형 스모그와는 달리, 광화학 스모그는 강한 역전층에 의해 더욱더 악화될 수 있다[29].

광화학 스모그에 의한 대기오염 에피소드들은 기간이 짧지만 그 영향이 치명적이었던 까닭에 공공의 관심을 끌게 되었다. 이와 함께 햇빛이 비치는

---

28) 윤일희 역 , 1998 : 대기오염기상학. 시그마프레스, p. 20.

29) Jacobson, Mark Z., 2002 : *Atmospheric Pollution-History, Science, and Regulation.* Cambridge University Press, p. 87-88.

지역에서 발생하는 지속적인 대기오염 문제 또한 20세기에 악명을 떨치게 되었다. 이 현상이 가장 뚜렷하게 드러나는 곳은 캘리포니아 주 로스앤젤레스 시에 거의 매일 형성되는 대기오염층이다. 이것은 20세기 초 직접 방출되는 연기(런던형 스모그)와 광화학 스모그로 불리는 화학적으로 형성된 오염이 조합되어 발생하였다. 연기의 근원은 공장이었고 화학적으로 형성된 오염은 공장과 자동차에서 배출된 매연이 뒤섞여 만들어졌다. 1903년 공장 연기가 어느 날 갑자기 두터워져 해가 가리워지자 로스앤젤레스 주민들은 자신들이 일식을 관측하고 있는 것으로 생각하였다[30).

자동차 운행이 증가함에 따라, 로스앤젤레스에서 발생하는 런던형 스모그에 대한 광화학 스모그의 비율도 증가하였다. 1939년부터 1943년까지 로스앤젤레스의 시정은 급격하게 감소하였다. 1943년 6월 26일, 대기오염 플룸(plume)이 로스앤젤레스 시내를 덮쳐 시정의 3 불록 정도까지 감소시켰다. 부타디엔(butadiene)[31)]을 방출한 것으로 의심을 받고 있던 서던 캘리포니아 가스 컴퍼니(Southern California Gas Company) 공장이 폐쇄된 이후에도 오염사건은 계속되어, 오염원이 그 공장만이 아니라는 것을 깨닫기에 이르렀다.

1945년 로스앤젤레스 카운티 감독관 위원회(Los Angeles County Board of Supervisors)는 과도한 연기 배출을 금지시키고 'Director of Air Pollution Control'이라 부르는 사무실을 계획하였다. 로스앤젤레스 시 당국도 같은 해 배출 조절을 명령하였다. 1945년 로스앤젤레스 카운티 보건 담당관인 허버트 스워타우트(H. O. Swartout)는 로스앤젤레스의 대기오염이 굴뚝연기뿐만 아니라 기관차, 디젤 트럭, 뒤뜰 소각로, 제재소, 시립 쓰레기 저장소, 자동차 등과 같은 다른 오염원도 복합적으로 작용한다고 보고하였다.

---

30) http://www.aqmd.gov/

31) 합성 고무 제조에 사용되는 무색의 탄화수소 기체를 말한다.

1946년 로스앤젤레스 타임스는 로스앤젤레스 대기오염 문제를 개선하는 방법을 찾기 위해서 세인트루이스의 대기오염 전문가인 레이먼드 터커(Raymond R. Tucker, 1906~1970)를 고용하였다. 터커는 대기오염을 저감할 수 있는 23가지 방법을 제시하였고 대기오염 규제를 담당할 군 단위 대기오염 관청을 설치할 것을 권유하였다. 대기오염 규제를 시행하는 과정에서 석유회사와 로스앤젤레스 상공회의소(Los Angeles Chamber of Commerce)의 반대에 직면한 로스앤젤레스 카운티 감독관 위원회는 주 정부를 통해 카운티들이 단일화된 대기오염 조절 부서를 설치할 수 있도록 하는 규제 초안을 캘리포니아 주 정부에 제출하였다. 대기오염을 규제하려면 시보다는 카운티에서 하는 것이 더 효과적이라고 느끼고 있던 캘리포니아 시 연맹(League of California Cities)은 이 규제를 지지하였다. 이 법안은 캘리포니아 주 의회에서 큰 표 차이로, 주 하원에서는 전원 찬성으로 통과되어 1947년 6월 10일 얼 워런(Earl Warren, 1891~1974)[32] 주지사에 의해 서명되었다.

1947년 10월 14일 로스앤젤레스 카운티 감독관 위원회는 미국 내에 최초의 지역 대기오염 조절 관청인 로스앤젤레스 대기오염 조절 지방청(Los Angeles Air Pollution Control District)을 창설하였다. 1947년 12월 30일 지방청이 시행한 첫 번째 사업은 주요 산업 배출처의 배출 허용 기준을 작성하기 위한 위탁 사업이었다. 1940년대 후반과 1950년대 초반, 지방청은 주차장 쓰레기의 야외 소각, 정유 공장으로부터의 아황산가스의 배출, 산업 저유소로부터의 배출 규제를 더욱 강하게 규정하였다. 이 규정으로 말미암아 1954년 로스앤젤레스 내에서 사용되던 30만 개의 뒤뜰 소각장이 사용 금지되었

32) 1953년 아이젠하워 대통령에 의해 미국 제14대 대법원 수석 판사로 임명되었다. 공사립학교에서 흑백 아동을 차별하는 것은 위헌이라는 판결을 내려 인종문제에 새로운 계기를 마련하였다.

다. 그럼에도 불구하고, 로스앤젤레스 오염 문제는 여전히 존재하였다.

1950년 미국 캘리포니아 주 오렌지 카운티, 1957년 리버사이드 카운티와 산 베르나르디노 카운티는 각각 대기오염 조절 지방청을 설립하였다. 이들 지방청은 1977년 로스앤젤레스 지방청과 병합하여 남부해안 대기질 관리 구역(South Coast Air Quality Management District; SCAQMD)로 창설되었다. 이것은 현재 로스앤젤레스 지역의 4개 카운티의 대기오염을 조절하고 있다.

## 2. 대기오염물질들의 제거 과정

극심한 대기오염 사건들은 일반적으로 기상 상태에 따라 수 일에서부터 1주일까지 지속된다. 이 기간 동안, 공기는 보통 여러 날 동안 연속적으로 오염물질이 축적되고 농도가 높아짐에 따라 대기 중에 감금된다. 오염 사건 동안 오염물질들은 화학반응과 지면으로의 침적에 의해 주로 손실된다. 기상 상태가 변하면 오염물질들은 위쪽으로 확산되고, 바람이 오염물질을 배경 대류권으로 청소한 뒤에 비가 되어 지면으로 떨어지게 된다.

오염된 공기에서 배출되는 유기가스들은 최종적으로 이산화탄소와 물로 붕괴된다. 방향족 화합물과 분자량이 큰 유기물질의 경우, 초기 붕괴 단계들이 비교적 빠르게 일어난다. 구조가 간단하고 분자량이 적은 유기물질인 경우, 초기 붕괴 단계는 보통 느리게 이루어진다. 유기가스들은 또한 지면과 해양에 침적되면서 에어로졸 입자 성분들로 변환되어 배경 대류권으로 수송된다. 질소산화물은 보통 화학적으로 질산으로 진화하는데, 이것은 분진으로 변환되거나 토양 또는 해수에 침적된다. 질소산화물은 또한 유기질산염 가스들을 형성하기 위해 유기가스들과 반응한다. 그러한 기체들은 분해되고 분진으로 변환되어 지면에 침적된다.

그림 2-4는 굴뚝에서 배출된 대기오염물질들이 대기 중에서 제거되는 과정(배출, 투과, 침적)을 나타낸 것이다[33].

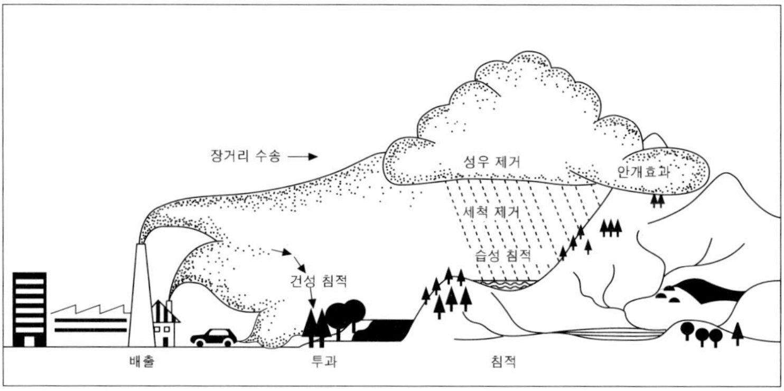


**그림 2-4** 대기오염물질들의 배출, 투과, 침적 메커니즘.(출처 : Wellburn, 1988)

## 1) 흡착과 흡수

대기 자체를 정화하는 대기의 자정능력은 매우 중요하다. 대기의 정화 능력이 없다면 대기는 곧 더러워져 지구상에 계속 생물체가 살기가 불가능해질 것이다. 하층 대기 중의 기체에 대한 제거 과정들은, 화학반응이나 기체와 입자들 사이의 반응을 포함한다.

이와 더불어 기체들은 흡수(absorption)하거나 흡착(adsorption)하기도 한다. 이 둘 차이를 이해하기 위해 석재 건물을 예로 들면, 기체의 흡착은 돌멩이의 바깥 부분에서 일어나고 기체들의 흡수는 기체들이 돌멩이 속으로 스며들

33) Wellburn, Allan, 1988 : *Air Pollution and Acid Rain : The Biological Impact*. Longman Scientific & Technical. P. 2.

때 일어난다. 그러한 흡수와 흡착은 에어로졸, 대기물 현상물질, 식생, 건물, 해양 및 땅 속과 지표면 위에서 일어난다[34].

### 2) 건성침적과 습성침적

에어로졸에 영향을 받고 있는 제거 과정들은 건성 및 습성침적이다. 건성침적(dry deposition) 과정은 침전 작용, 즉 입자들의 단순한 낙하로 구성된다. 낙진과 더불어, 관성 침적이 식생, 구조물 그리고 다른 물체들 위에 일어난다. 입자들 사이의 충돌과 입자들에 존재하는 화학반응들이 건성침적을 일으킬 수 있다.

습성침적(wet deposition)은 구름의 성우 제거로 일어난다. 이 평범한 제거 메커니즘은 눈과 비의 형성에 대한 응결핵 또는 얼음 핵으로 제공되는 입자들로 구성된다. 또한 제거 메커니즘은 오염물질들을 제거하는 열 과정을 포함한다. 대기오염물질들의 제거에 포함되는 다른 인자는 전하이다[35].

건성침적은 입자들에 작용하는 중력의 이끌림에 의해 크게 지배받는다. 단지 0.1 μm 미만의 입자들은 중력에 영향을 받지 않고 브라운 운동을 한다. 그러한 미세 입자들은 부딪치는 분자들의 영향을 받으며 중력의 이끌림에 의한 낙하가 일어나지 못하도록 한다. 0.1 μm 이상의 입자들은 중력에 의해 아래쪽으로 이끌리며 그들의 체재율(settling rate)은 크기에 달려있다. 입자들의 낙하속도는 스토크스 법칙으로 계산된다. 이 법칙은 중력 가속도 ($g$), 입자들의 반경($r$), 입자들의 밀도($d_p$), 공기의 밀도($d_a$) 그리고 공기의

34) Eagleman, Joe R., 1996 : *Air Pollution Meteorology(2nd ed.)*. Trimedia Publishing Company. p. 204.

35) 윤일희 역, 1998 : 대기오염기상학. 시그마프레스, p. 186-187.

점성($\eta$)에 낙하속도($V$)를 관계시킨 것이다[36].

$$V = 2/9 r^2 g (d_p - d_a) \eta \qquad (2.1)$$

스토크스 법칙은 입자 크기가 1 μm~100 μm 사이인 물질에 적용된다.

건성침적률은 낙하속도와 대기 중의 오염물질들의 농도로 예측할 수 있다. 풍속이 0.5 m/s인 경우 직경 1 μm이고 밀도가 1 g/cm$^3$으로 낙하하는 입자들의 침적 속도는 약 $5\times10^{-3}$ cm/s가 될 것이다. 만약 입자의 밀도가 4배 정도 커지면 침적 속도는 약 $2\times10^{-2}$ cm/s가 될 것이다.

### 3) 성우 제거와 세척 제거

대기로부터 오염물질들의 정화(scavenging)는 대부분 건성 및 습성침적보다는 다른 성우 제거(rainout)와 세척 제거(washout)를 통하여 일어난다[37]. 성우 제거는 그들이 응결핵으로 사용되는 강우 생성 과정으로 입자들의 합체를 포함하는 반면, 세척 제거는 빗방울이 형성된 후 일반적으로 구름 밑면 아래에서 나타나는 입자들의 포착(collection)을 포함한다. 양 과정 모두 대기 중 오염물질의 농도를 저감시키는 작용을 한다.

세척 제거 계수($W_p$)는 오염 정화 연구에 빈번히 사용되는데, 입자들의 밀도, 넓이, 빗방울의 낙하속도 그리고 포착효율(collection efficiency or scavenging efficiency) 등과 관련된다. 세척 제거 계수와 관련된 단위는 시간당

---

36) Colls, Jeremy, 1997 : *Air Pollution-An introduction*. E&FN SPON. p. 121.

37) Chan, W. H. and D. H. S. Chung, 1986 : Regional-scale [recipitation scavenging of SO2, SO4, NO3 and HNO3. Atmos. Environ., 20, 1397-1402.

(예를 들면 $s^{-1}$)이다. 세척 제거 계수는 초기 농도 값($C_0$)에 대한 최종 농도 값 사이의 관계이다[38].

$$C_f / C_0 = \exp(-W_p t) \tag{2.2}$$

이 정의는 아래의 관계식으로 결정되는 반감기($C_f$가 $C_0$의 1/2이 될 때)를 만들도록 한다.

$$\ln 0.5 = -W_p t \tag{2.3}$$

식(2.3)은 방사능 물질의 반감기와 유사한 것으로 물질의 양이 반이 되는 데 걸리는 시간의 길이를 예측한 것이다. 입자들의 감소와 시간에 관계하는 세척 제거 계수는 강우율과 정화되는 입자의 직경에 달려 있다. 2.5 mm/hr의 강우율과 입자의 직경이 8 μm인 경우의 전형적인 세척 제거 계수는 $4\times10^{-4}$ $s^{-1}$이다. 2.5 mm/hr의 강우율과 입자의 직경이 40 μm인 경우의 세척 제거 계수는 $8\times10^{-4}$ $s^{-1}$이다.

세척 제거 계수는 빗방울의 전하에 영향을 받는다. 기류는 그들의 낙하에 달려 있는 개개 빗방울 주변을 특성화시킨다. 낙하속도가 매우 낮을 때 주로 상호작용하는 면은 작은 방울의 바람이 불어오는 풍상 측이다. 속도가 증가함에 따라 후류 포획(wake capture)이 시작되면 충돌은 방울 주변 기류의 후류 내에서 방울의 바람이 불어가는 풍하 측에서 일어난다. 만약 전하차가 빗방울과 포착되는 입자들 사이에 존재한다면 이 포착의 전체적인 형태는

---

38) Eagleman, Joe R., 1991 : *Air Pollution Meteorology*. Trimedia Publishing Company. p. 206.

변하게 된다. 왜냐하면 같은 전하는 서로 밀고 전하가 다르면 서로 당기기 때문이다[39).

전하를 띠지 않는 에어로졸을 포착하는 전하를 띤 빗방울면의 전하양의 효과에 대한 실험은 전하의 효과가 빗방울의 직경보다 더 중요할 수 있다는 것을 보여주었다[40). $9.7 \times 10^{-10}$ 쿨롬(coulomb ; 1 암페어의 전류가 1 초간 흐르는 전기량)의 전하를 가진 2.8 mm 직경의 방울은 약 1 %의 정화효율을 가진다. 3.7 mm 직경의 더 큰 입자들이 $0.15 \times 10^{-10}$ 쿨롬으로 더 낮은 전하를 가진 경우에는 정화효율이 단지 약 0.3 %였다. 1 mm에서부터 3 mm 사이의 직경을 가진 전하를 띠지 않는 방울의 정화효율에 관해 수행된 실험에서는 방울이 크면 정화효율이 더 크게 되는데, 이는 그들의 낙하속도의 증가로 예상될 수 있음을 밝혔다.

### 4) 얼음결정과 우박에 의한 정화

대기 중에는 일반적으로 여러 가지 형태의 얼음결정이 존재한다. 얼음형성 온도가 0~-5 ℃ 범위라면 결정의 주요 모양은 육각형 평판이다. 일부 얼음 바늘과 육각형 프리즘은 -5~-10 ℃ 온도 범위에서 형성된다. 나뭇가지 모양의 결정은 -15 ℃에서 형성되며 더 많은 육각형 평판은 -20~-25 ℃ 범위에서 형성된다. -25 ℃ 미만에서는 기둥 모양 육각형 프리즘이 발달한다[41).

---

39) 윤일희 역, 1998 : 대기오염기상학. 시그마프레스, p. 187.

40) Adam, J. R., and R. G. Semonian, 1970 : *Collection Efficiencies of Raindrops for Submicron Particles*. Atomic Energy Commission, 151-160.

41) Wallace, John M. and Peter V. Hobbs, 1977 : Atmospheric Science-An Introductory Survey. Academic Press, Inc., p. 191.

얼음결정의 모양은 낙하하는 대기 내의 오염물질을 정화하는 데 상당한 효과를 가질 것으로 예상된다. 나뭇가지 모양을 포함하는 얼음결정, 판상의 결정, 싸락눈, 진눈깨비, 그리고 눈송이 등과 같은 여러 종류에 의한 입자들의 정화에 관해서 수행된 실험은, 여러 종류의 얼음결정 사이의 차가 예상보다 미비하다는 것을 보여주었다. 정화효율은 얼음결정의 직경에 더 많이 관계되었다. 나뭇가지 모양 얼음결정, 싸락눈, 진눈깨비 그리고 눈송이들 모두는 동일한 얼음결정에 대해 동일한 비율로 입자들을 정화한다.

또 다른 흥미로운 의문은 대기 내의 오염물질들이 비, 눈, 그리고 우박 등을 형성하는 강수 과정으로 들어가는 정도이다. 앞서의 몇몇 실험에서 고도에 따른 구름 응결핵의 숫자를 측정하였고 산개된 적운들이 대기 중에 발달하는 날에는 응결핵의 적산대(accumulation zone)가 존재함을 발견하였다. 적운 구름을 형성하는 동일한 상승 기류는 또한 그 높이까지 구름 응결핵을 운반하는 것으로 알려졌다.

강수 과정으로 들어가는 핵의 숫자와 형태에 관한 정보를 얻는 다른 방법은 강수 발생 전과 후를 비교해서 강우가 이루어지는 동안 측정하는 것이다. 결빙고도 위까지 확장된 구름인 경우에는 얼음 핵이 구름의 상층 부분 내에서 사용되고 있고 얼음결정과 과냉각 액체 방울 사이의 증기압의 차이에서 기인하여 얼음결정이 성장하도록 하는 강우 형성 과정 속에 들어가게 하는 것으로 가정된다. 그들이 하층 대기로 떨어질 때 만약 공기가 따뜻하다면 녹아서 비를 만들 것이다.

강우율과 얼음 핵의 비교는 때때로 관계를 나타낸다. 시애틀 상공에서 측정했을 때는 강우가 시작되면 얼음 핵의 숫자가 곧 감소하고 비가 내리는 약 1시간 동안 계속하여 감소한다는 것을 보였다. 비가 그치는 것과 동시에 얼음 핵의 개수는 뚜렷하게 증가하였다. 물의 결빙온도의 측정은 물 속의 입자들의 양에 의해서 이루어진다. 왜냐하면 물 속에 아무런 입자가 없는 순수 희석된 물은 그것이 결빙되기 전 -40 ℃까지 과냉각될 수 있기 때문이다. 만약 입자들이 존재한다면 0℃ 부근의 온도에서 결빙될 것이다. 결빙온도는 물속의 입자들의 농도에 달려 있다. 그러므로 물의 결빙온도는 물속의 입자(특히 얼음 핵)들의 개수의 측정으로 사용될 수 있다.

소나기가 내리기 전에 관측된 물의 결빙온도와 소나기가 내리는 동안 및 그 이후에 관측된 결빙온도를 비교하였다. 일반적으로 물의 결빙온도는 소나기가 내리는 동안에는 다소 낮았다. 이것은 약한 강우는 물 속에 입자들이 희박함을 지적하는 것이다. 그러므로 얼음 핵의 효력이 강우 강도에 중요한 역할을 한다[42].

우박의 형성과정에서 얼음 핵이 함유된다는 점은 흥미롭다. 이것을 규명하는 한 방법은 우박의 가장 바깥쪽 한 층을 녹이기 위해 충분한 시간 동안 순수한 물 용액 속에 놓아두는 것이다. 그런 다음 얼음의 다음 층을 녹이기 위해 다른 순수한 물의 샘플 속에 놓아둔다. 이런 과정을 반복한다. 이렇게 해서 우박의 각 층 내의 얼음 핵 개수를 결정할 수 있다. 우박의 바깥 껍질은 결빙온도가 더 높다. 이것은 많은 얼음 핵이 중심보다는 우박의 바깥 껍질 쪽에 존재한다는 의미이다. 얼음 핵이 가장 적어지는 것에 반응하여 가장 낮은 결빙온도는 우박이 작을 때 그들이 포집되는 중심부 근처의 층에서 발견되었다. 그러나 이러한 결과들의 의미는 어느 정도 불확실하다. 왜냐하면 이러한 차이는 정화율의 차이와 우박의 표층 바깥면의 오염으로 인해 일어나기 때문이다.

42) Vali, G., 1970 : Entry of Freezing Nuclei into Precipitation. United States Atomic Energy Commission.

### 5) 구름 밑면 아래에서의 정화

구름 밑면 아래(subcloud) 정화가 정화 과정의 중요한 부분인가 아닌가에 대한 정보를 수집하기 위해 비행기를 사용하여 구름 아래와 구름 내의 자료를 모은다. 오염물질들은 응결핵으로 사용되거나 또는 빗방울이 떨어질 때 구름 밑면과 지표면 사이의 공기에서 취할 수 있다(세척 제거). 빗물 샘플을 수집하여 지표에서 수집된 샘플들과 결빙온도를 비교하기 위해 구름 밑면 바로 아래로 비행기가 날게 한다. 농도의 차이는 구름 밑면과 지표 사이의 입자들의 정화와 관계되는 것으로 예상된다.

그러한 측정은 구름 밑면 아래의 입자들이 정화된 양이 강수과정 내의 핵으로 사용된 입자들보다는 아주 적다는 것을 의미한다. 그러나 이 비교는 구름 밑면 아래의 오염물질들의 농도에 의해 영향을 받게 될 것이다.

## 3. 대기오염물질 분산에 영향을 미치는 기상현상

대기오염물질들의 분산은 대규모 기압 시스템과 국지 기압 시스템에 많은 영향을 받는다.

### 1) 대규모 기압 시스템의 효과

대규모 기압 시스템인 반영구 및 열 기압 시스템은 대기오염에 영향을 미친다. 표 2-1은 오염에 영향을 미치는 이들의 효과를 포함하여 그러한 기압 시스템의 특성을 비교하였다. 반영구 저기압 시스템은 흐린 하늘,

폭풍우, 강한 지상풍과 연관된다. 보통 키가 작은 열 저기압 시스템은 구름을 만들 수도 있고 그렇지 않을 수도 있다. 공기는 이러한 저기압 시스템 모두에서 상승하고 지상 부근의 오염물질들을 위쪽으로 분산시킨다. 저기압 시스템 내에 형성된 구름들은 햇빛을 막아 광화학반응이 일어나지 않도록 하여 오염을 많이 감소시킨다.

지상 고기압 시스템은 비교적 느린 지상풍, 하강하는 공기, 구름이 없는 하늘과 같은 특성을 지닌다. 이러한 시스템 내에서 공기는 가라앉아 지상 부근에 오염물질들을 가두게 된다. 이와 덧붙여 고기압 시스템과 관련되는 느린 지상 부근 바람은 오염물질의 수평 분산을 방해하고, 기압 시스템에 의해 일어나는 구름이 없는 하늘은 광화학 스모그 형성을 유도하는 햇빛을 최대화시킨다. 요약하면, 오염에 영향을 미치는 기압 시스템의 주요 효과들은 연직 오염물질 전달, 수평 오염물질 전달, 구름양을 통해 이루어진다.

**표 2-1** 북반구 지상 저기압과 고기압 시스템의 특성.(출처 : Jacobson, 2002)

| 특성 | 지상 저기압 시스템 | | 지상 고기압 시스템 | |
|---|---|---|---|---|
| | 반영구 | 열 | 반영구 | 열 |
| 위도 범위 | 45-65N | 25-45N | 25-45N | 45-55N |
| 지상기압 경도 | 강함 | 다양함 | 약함 | 다양함 |
| 지상 풍속 | 빠름 | 다양함 | 느림 | 다양함 |
| 지상 풍향 | 반시계 방향으로 수렴 | 반시계 방향으로 수렴 | 시계 방향으로 발산 | 시계 방향으로 발산 |
| 연직 방향 | 위쪽 방향 | 위쪽 방향 | 아래쪽 방향 | 아래쪽 방향 |
| 구름 양 | 구름 많음 | 구름이 없거나 많음 | 구름 없음 | 구름 없음 |
| 폭풍 생성 | 있음 | 때때로 | 없음 | 없음 |
| 대기오염 영향 | 감소 | 감소 | 증대 | 증대 |

대규모 기압 시스템은 연직 공기 운동에 영향을 미치고 따라서 강제 대류와 자유 대류에 의한 연직 오염물질 분산에 영향을 미친다. 예를 들면, 반영구 저기압 시스템 내에서 지상 부근 바람은 수렴하고 상승하여 지상 부근의 오염물질들을 위쪽으로 분산시킨다. 반영구 고기압 시스템 내에서 상공의 바람은 수렴하고 침강하여 지상 부근의 오염물질들을 가두게 된다. 이들 두 경우는 강제 대류를 설명한다. 열 저기압 내에서, 지표면 온난화는 지상 부근의 공기가 부력을 받도록 하여 상승시킨다. 열 고기압 내에서 지표면 한랭화는 지상 부근의 공기를 음의 부력을 받도록 하여 침강 또는 정체되도록 한다. 이들 두 경우는 자유 대류를 설명한다. 대기오염물질들의 분산에 영향을 미치는 열 기압 시스템에서의 자유 대류와 반영구 기압 시스템 내의 강제 대류를 더 잘 이해하기 위해서는, 단열 과정과 대기 안정도에 대해서 논의할 필요가 있다.

### (1) 연직 오염물질 분산

대기오염물질의 연직 분산에 영향을 미치는 요소로는 기온감률, 대기 안정도, 기온역전 등을 들 수 있다.

#### ① 단열감률과 환경감률

열 기압 시스템 내에서 공기가 부력에 의해 상승하거나 침강하는 것은 단열감률과 환경감률에 의존하는 대기 안정도에 의해 일어난다.

공기로 채워진 한 풍선을 생각해 보자. 풍선 내부의 기압은 풍선 외부의 기압과 정확히 같다고 가정한다. 또한 에너지가 풍선 안으로 들어오거나 나가지도 않지만, 풍선의 얇은 막은 풍선의 외부 기압의 변화에 따라 팽창하거나 수축할 만큼 유연성을 가지고 있다. 이 풍선이 상승한다고 가정해 보자. 기압은 높이가 증가함에 따라 항상 감소하기 때문에, 풍선은 기압이 감소하는 곳으로 상승한다. 풍선의 외부 기압의 감소에 따른 풍선의 내부 기압인 경우, 풍선은 체적이 팽창하여야만 한다. 이렇게 기압 자체만의 변화에 의해 일어나는 팽창의 유형을 단열팽창이라 한다. 태양 가열과 숨은 열 방출은 비단열 가열 과정(diabatic heating processes)이고 단열팽창에 기여하지 않는다.

단열팽창이 일어나는 동안, 공기 분자들의 운동 에너지는 공기를 팽창시키는 일로 변환된다. 온도는 공기 분자의 운동 에너지에 비례하기 때문에, 단열팽창은 공기를 냉각시킨다. 요약하면, 상승한 공기는 팽창하게 되고 팽창하는 공기는 냉각된다. 따라서 상승하는 공기는 단열팽창하는 동안 냉각된다. 지상 부근에서 단열팽창하는 동안 냉각의 비율은 약 9.8 ℃/km이다. 이 비율을 건조단열감률(dry adiabatic lapse rate, $\Gamma_d$) 또는 불포화단열감률(unsaturated adiabatic lapse rate)이라 한다. 기온감률은 높이 따른 온도 변화를 반대 부호로 나타낸다. 따라서 양의 부호를 가진 기온감률은 높이가 증가함에 따라 온도가 감소한다는 것을 의미한다.

만약 풍선이 수증기를 포함하여 포화된 공기 내에 상승한다면, 단열팽창의 결과로 공기가 냉각되고 풍선 내의 포화수증기압이 떨어져 상대습도가 100 % 이상 더 증가할 것이다. 또한 수증기가 응결하여 구름 방울을 형성하고 그 과정에서 숨은열이 방출된다. 이러한 숨은 열 방출 때문에, 높이가 증가함에 따라 나타나는 기온의 증가율은 일반적으로 4 ℃/km이지만, 열대지방에서는 8 ℃/km이다. 건조단열감률에서 숨은 열 방출에 의한 온도증가율을 빼면, 구름이 형성되는 동안의 순 감률은 6~2 ℃/km가 된다. 이 감률을 습윤단열감률, 포화단열감률 또는 위단열감률(pseudoadiabatic lapse rate, $\Gamma_w$)라 한다. 단열팽창하는 동안 높이가 증가함에 따라 온도의 변화율이 음의 부호를 가지기도 하는데, 이 경우에도 응결이 발생한다. 습윤단열감률은 오직 구름에서만 적용된다.

단열팽창의 반대 현상을 단열수축 또는 단열압축이라 한다. 단열수축은 풍선이 기압이 낮은 곳에서 높은 곳으로 단열적으로 침강할 때 발생한다. 수축은 풍선 주위에 기압이 증가되면서 발생한다. 단열수축하는 동안 일은 풍선 내의 공기를 온난하게 하는 운동 에너지로 변환된다.

건조단열감률과 습윤단열감률이 단열적으로 상응하는 풍선의 냉각량을 기술하는 반면, 환경감률(environmental lapse rate)은 풍선 외부의 환경에서 높이에 따른 온도의 실제 변화를 기술한다. 이것은 다음과 같이 정의된다.

$$\Gamma_e = -\Delta T / \Delta z \quad (2.4)$$

여기서 $\Delta T/\Delta z$는 높이에 따른 온도의 실제 변화이다. 높이가 증가함에 따라 온도도 증가한 경우, 환경감률은 음의 부호를 가지게 된다.

② 대기 안정도

건조단열감률, 습윤단열감률, 환경감률을 상호 비교하면 공기의 안정도를 결정할 수 있다. 여기서 안정도란 배출된 오염물질들이 대류로 상승하여 분산되거나 지상 부근에 농도를 증가시킬 수 있는지에 대한 측정을 말한다.

그림 2-5는 대기 안정도의 개념을 나타낸 것이다. 불포화된 공기 덩이(또는 풍선)를 연직 방향으로 옮겨놓으면, 공기 덩이는 상승하고, 팽창하여, 건조 단열적으로 냉각된다. 만약 환경감률이 안정하다면(그림 2-5의 오른쪽 굵은 직선), 상승하는 공기는 매 높이마다 공기 덩이 주변의 환경 내의 공기보다 더 많이 냉각되고 밀도가 커지게 된다. 부력이 결핍되면, 공기 덩이는 주변 공기와 동일한 온도(밀도)를 가질 때까지 침강하고 수축하여 기온이 온난해진다. 실제 공기 덩이는 하강하더라도 원래 높이 이상으로

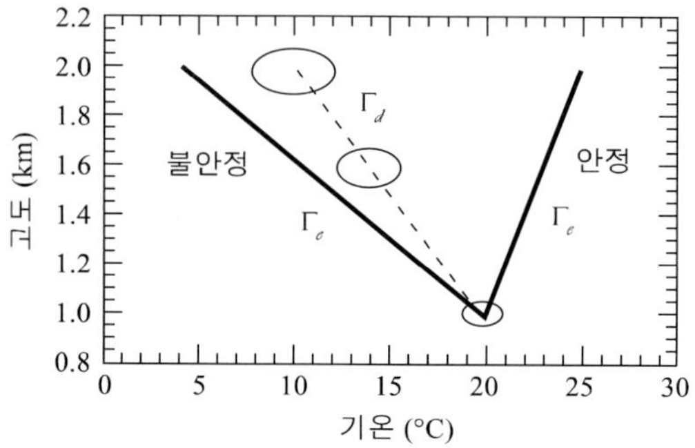


**그림 2-5** 불포화된 공기 내의 안정도와 불안정도를 결정하는 방법.(출처 : Jacobson, 2002)

올라가지만 결국에는 진동하는 방법으로 높이를 얻게 된다. 요약하면, 환경 공기의 온도에 위치하는 오염물질 덩이는 안정 공기 내에서 연직으로 가속되어 원래 고도와 온도로 되돌아오게 된다. 안정 공기 내에서 연직으로 교란되는 오염물질들은 상승하거나 분산할 수 없어 지상 부근의 오염을 증대시킨다.

불안정한 공기 내에서, 연직으로 교란되는 불포화된 공기는 계속하여 교란 방향으로 가속화된다. 불안정한 공기는 지상 부근의 오염물질을 청소해 준다. 만약 환경감률이 불안정하면(그림 2-5의 왼쪽 굵은 직선), 대시선을 따라 단열적으로 상승하는 공기 덩이는 매 높이마다 주변의 공기보다 더 온난하고 밀도가 낮아져 계속해서 가속화된다. 공기 덩이는 동일한 온도(밀도)를 지닌 주변 공기를 만날 때까지 가속을 멈추지 않는다. 이런 상황은 새로운 환경감률을 가지는 층에 도달할 때 발생한다.

건조단열감률과 환경감률이 일치하는 때인 중립 공기 안에서, 불포화된 공기 덩이는 연직으로 가속 또는 감속되지 않아 교란되지 않지만, 등속으로 초기 교란의 방향을 따라 계속된다. 중립 공기는 불안정 공기 내에서보다는 오염을 희석시키지 못하나, 안정 공기 내에서보다는 더 빠르게 오염을 희석시킨다.

불포화 공기가 안정되어 있거나 불안정하거나 간에, 건조단열감률과 환경감률을 비교해 보면 결정할 수 있다. 부호로 안정도 범주를 나타내면 다음과 같다.

$\Gamma_e > \Gamma_d$ 건조 불안정
$\Gamma_e = \Gamma_d$ 건조 중립 (2.5)
$\Gamma_e < \Gamma_d$ 건조 안정

만약 구름 내에서와 같이 공기가 포화되면, 습윤단열감률이 안정도를 결정하는 데 사용된다. 이런 경우 안정도 범주는 다음과 같다.

$\Gamma_e > \Gamma_w$ 습윤 불안정
$\Gamma_e = \Gamma_w$ 습윤 중립 (2.6)
$\Gamma_e < \Gamma_w$ 습윤 안정

비록 시·공간의 어떤 지점에서 안정도가 $\Gamma_d$ 또는 $\Gamma_w$에 의존하지만 동시에 의존하는 것이 아니라 하더라도, 모든 온도 연직 분포에 적용되는 일반화된 안정도 범주는 보통 다음과 같이 요약된다.

$\Gamma_e > \Gamma_d$ 절대 불안정
$\Gamma_e = \Gamma_d$ 건조 중립
$\Gamma_d > \Gamma_e > \Gamma_w$ 조건부 불안정 (2.7)
$\Gamma_e = \Gamma_w$ 습윤 중립
$\Gamma_e < \Gamma_w$ 절대 안정

이들 조건에서 $\Gamma_e > \Gamma_d$이 될 때, 공기는 절대 불안정 상태가 된다. 역으로 $\Gamma_e < \Gamma_w$이 될 경우, 공기는 절대 안정 상태가 된다. 만약 공기가 조건부 불안정 상태라면, 안정도는 공기가 포화되었는지 여부에 의존한다.

열 저기압 시스템에서, 햇빛은 지표면을 가열한다. 지표면 에너지는 공기에 전도되어 하층 경계층을 온난화시킴으로써 경계층의 안정도가 감소된다. 지상 부근의 온도 연직 분포가 불안정해지면 지표면으로부터 대류 열기포가 부력을 받아 상승하면서 오염물질들을 함께 운반하게 된다.

열 고기압 시스템에서, 지표면의 복사 냉각은 온도 연직 분포를 안정화시켜 지상 부근의 공기와 오염물질들이 상승하지 못하도록 한다. 여러 경우에서 지상 부근의 공기는 안정하게 되어 온도 역전을 형성하도록 하여 오염물질의 분산이 억제되도록 한다.

③ 기온역전

고도가 높아질수록 온도가 증가하는 현상을 기온역전(temperature inversion)이라 한다. 기온역전은 항상 안정하지만, 온도분포가 항상 안정된 역전을 이루는 것은 아니다. 기온역전은 대기오염물질의 연직 분산에 중요한데, 역전이 형성되지 않은 안정 온도분포보다 역전이 형성되어 있는 안정 온도분포가 지상 부근에 훨씬 많은 양의 오염물질들을 가둘 수 있기 때문이다.

역전은 세기, 두께, 꼭대기 높이, 밑면 높이, 꼭대기 온도, 밑면 온도에 의해 그 특징이 나타난다. 역전세기는 역전 꼭대기와 역전 밑면 사이의 온도차이고, 역전두께는 역전 꼭대기와 역전 밑면 사이의 고도차이다. 역전 밑면 높이는 지면에서부터 역전 밑면까지의 높이이다. 혼합 깊이라고도 부르는데, 지표면에서 방출된 오염물질들이 혼합되는 높이로써 추정되기 때문이다. 실제로 오염물질들은 보통 역전층 자체 내에서 혼합되기도 한다.

안정 공기, 특히 역전은 오염물질들을 가두고 자유대기로 분산되는 것을 막음으로써 지상 부근의 오염물질 농도를 증대시킨다. 그림 2-6은 그러한 가두기(trapping)가 어떻게 발생하는지 설명하고 있다. 역전 상황에서 초기 지표면 온도가 다른 2개의 공기 덩이가 방출되고 있는데, 이 공기 덩이들이 초기에 환경보다 더 온난하게 배출된 플룸이라고 생각한다. 공기 덩이들의 부력 때문에, 이들 모두는 상승해서 팽창하고 건조단열감률인 10 ℃/km가까이 냉각된다. 20 ℃에서 방출된 공기 덩이는 상승하여 주변 공기의 온도에 가깝게 냉각한다. 그 점에서 공기 덩이는 감속되어, 그 점 주변에서 진동한 뒤 최종 높이에서 머물게 된다.

이 공기 덩이의 경로는 역전이 어떻게 지표면에서 배출된 오염물질들을 가두는지 설명해 준다. 이것은 또한 오염물질들이 보통 역전층으로 침입한다는 것을 설명해 주고 있다. 30 ℃에서 방출된 공기 덩이의 경우 마찬가지로 상승하고 냉각되지만, 이것은 쉽게 역전층을 통과한다. 역전층 위의 자유대기는 안정하기 때문에, 공기 덩이는 최종적으로 역전층 위에 머물게 된다.

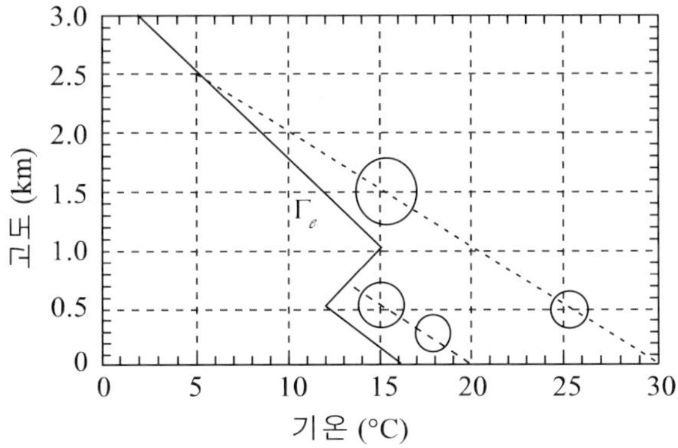


**그림 2-6** 역전과 안정 공기에 의해 가두어진 오염물질들을 보여주는 개념도.
(출처 : Jacobson, 2002)

기온역전은 공기의 층이 그 위의 층보다 더 한랭하기만 하면 언제라도 형성된다. 일반적인 역전은 복사역전, 대규모 침강역전, 해양역전, 전선역전, 소규모 침강역전을 포함한다.

복사역전(radiation inversion) 또는 야간역전(nocturnal inversion)은 야간에 육지가 열 적외선 복사를 방출함으로써 일어나는 냉각 때문에 발생한다. 낮 동안에도 육지는 열 적외선 복사를 방출하지만, 이 손실은 태양복사를 획득함으로써 회복된다. 밤에 열 적외선은 방출하면 지면이 냉각되고, 지면 위의 분자층들도 번갈아 냉각되면서 역전을 만들게 된다. 복사역전의 세기는 공기가 건조하고 밤의 길이가 길며, 바람이나 구름이 없는 밤 동안 최대가 된다. 밤이 길어지면 그만큼 열 적외선 복사 방출로 지연이 냉각될 시간이 길어지며, 바람이 없으면 아래쪽으로 향하는 에너지의 난류 혼합이 최소화된다. 구름이 없으면 구름 방울에 의한 열 적외선의 흡수가 최소화되고, 공기가 건조하면 수증기에 의한 열 적외선 에너지의 흡수가 최소화된다. 그림 6.12는 아침 온도 연직 분포에서 복사역전이 나타나는 현상을 보여주고 있다. 복사역전은 또한 햇빛이 잘 비치지 않는 지역의 겨울 낮 동안에 잘 형성된다. 해상에서는 정규적으로 형성되지 않는데, 해수는 밤에 약간 정도만 냉각되기 때문이다.

대규모 침강역전(large-scale subsidence inversion)은 지상 고기압 시스템 내에서 발생한다. 이 시스템에서, 공기는 하강하면서 수축되고 단열적으로 가열된다. 공기의 층이 단열적으로 하강할 때, 전체 층은 더욱 더 안정되고 보통 상층에서 역전을 형성한다. 고기압 시스템 내에서의 공기의 하강과 역전의 생성은 지상 부근 오염 증대에 기여하게 된다.

밤에 육지상에서, 대규모 고기압 시스템 내의 공기는 하강할 수 있고 복사 냉각되는 지상 부근 공기의 꼭대기는 온난해져 복사역전과 대규모 침강역전이 조합될 수 있다. 이러한 역전 현상은 로스앤젤레스에서 1년 중 85~95 % 발생한다. 이것이 이 도시가 역사적으로 유례가 없는 극심한 대기오염 문제를 가지는 한 가지 이유가 되었다.

대규모 침강역전은 역전층 아래에 오염을 한정시키는 뚜껑 기능을 한다. 오염물질이 가두어지는 곳의 혼합층은 일반적으로 늦은 오후에 가장 두껍고 밤과 이른 아침 사이에 가장 얇아진다. 일산화탄소 가스, 일산화질소 가스, 유기가스, 에어로졸 입자들과 같은 1차 오염물질들의 혼합비는 보통 아침에 최대치를 나타낸다. 왜냐하면 아침은 혼합 두께가 가장 얇고 러시아워 배출이 가장 높게 나타나기 때문이다. 배출률은 오후 러시아워에도 높지만, 오후에는 혼합 두께가 두꺼워 1차 오염물질들을 묽게 만든다. 그럼에도 불구하고, 오존, PAN, 에어로졸과 같은 일부 2차 오염물질들의 혼합비는 화학 형성률이 최대가 되는 오후에 최대에 도달한다.

해양역전(marine inversion)은 연안 지역에서 발생한다. 낮 동안, 육지는 바다보다 더 빨리 가열된다. 육지에서 상승한 공기는 지상 부근의 기압을 떨어뜨려 해양 공기를 내륙으로 끌어들이게 된다. 그 결과로 바다와 육지 사이에서 나타나는 바람을 해풍라고 한다. 해풍이 부는 동안 한랭한 바다 공기가 내륙으로 움직여 온난한 내륙 공기를 강제적으로 상승시키고 한랭 공기 위에 온난 공기가 위치하도록 하여 해양역전을 만든다. 이것은 로스앤젤레스의 대규모 침강역전에 의해 주도되는 것으로서, 역전층의 세기에 공헌하게 된다.

공기가 산 경사면을 따라 흐를 때, 대규모 침강역전에서와 같이 수축되고 단열적으로 온난해진다. 한랭 공기의 꼭대기에서 공기가 수축되고 온난해지면, 소규모 침강역전(small-scale subsidence inversion)이 형성된다.

한랭전선은 한랭기단의 앞쪽 끝 부분으로 한랭기단과 온난기단 사이의 경계이다. 기단이란 비슷한 온도와 수분 특성을 지닌 거대한 공기 덩어리이다. 한랭전선과 온난전선은 저기압 주변, 특히 60°N에서 지배하는 저기압에서 형성된다. 한랭전선은 저기압 주변을 반시계방향으로 회전한다. 한랭전선에서 한랭하고 밀도가 큰 공기는 마치 쐐기처럼 작용하여 온난기단 내의 공기를 강제적으로 상승시키고 한랭 공기 위에 온난 공기가 위치하도록 한다. 이를 전선역전(frontal inversion)이라 한다. 전선역전은 일반적으로 공기가 상승하고 구름이 형성되는 저기압 시스템 내에서 발생하기 때문에 보통 오염 증대와는 관련이 없다.

(2) 수평 오염물질 수송

대규모 기압 시스템은 풍향과 풍속, 오염물질 수송에 영향을 미친다. 여기에서는 대규모 바람과 그들이 오염에 미치는 영향에 대해 설명하고자 한다.

① 풍속이 대기오염물질에 미치는 영향

지상 저기압 시스템 주변의 바람은 일반적으로 지상 고기압 시스템 주변의 바람보다 더 빠르게 나타난다. 저기압 시스템 내의 기압경도가 고기압 시스템 내의 기압경도보다 일반적으로 더 크기 때문이다. 풍속이 빠르면 화학적으로 생산된 오염물질들을 풍속이 약한 경우보다 더 빨리 깨끗하게 만드는 장점이 있다. 그러나 동시에 풍속이 약할 때보다 더 많은 토양 먼지와 여러 에어로졸 입자들이 지면에서 떠오르게 하기도 한다.

② 풍향이 대기오염물질에 미치는 영향

대규모 기압 시스템은 대기오염물질들의 방향을 바꾸기도 한다. 북반구 지상 저기압의 중심이 어떤 장소의 서쪽에 위치하고 있을 때, 그곳의 바람은 남풍 계열에서 남서풍 계열로 바뀐다. 이와 유사하게, 북반구 지상 고기압의 중심이 어떤 장소의 서쪽에 위치하고 있으면, 그곳의 바람은 북서풍 계열에서 북풍 계열로 바뀐다. 여름 북태평양 고기압은 때때로 샌프란시스코 만 지역의 북서쪽에 위치한다. 이러한 조건 하에서, 고기압 주변을 시계 방향으로 이동하는 공기는 온도와 오염 농도가 높은 새크라멘토 계곡을 통과하여 대체로 더 한랭하고 오염물질이 있는 샌프란시스코 만 지역으로 들어온다. 새크라멘토 계곡에서부터 오염된 뜨거운 공기는 된 만 지역의 오염 수준을 증가하도록 한다.

③ 대기오염물질의 장거리 수송

바람은 때로 대기오염물질들을 아주 먼 거리까지 이동시키기도 한다. 수 세기 전 굴뚝은 지면 위로 오염물질들을 치오르게 하기 위해서만이 아니라, 상공의 바람을 이용하여 오염물질들을 수평적으로 분산시키기 위해서 개발되었다. 굴뚝은 배출점의 풍하 측으로 오염물질들을 더 많이 운반한다. 예를 들면, 17세기 시작 무렵 일본 시코쿠 섬에 있던 베씨 구리 광산(Besshi copper mine)과 제련소는 풍하 측의 농작물을 파괴시키는 오염원이었다. 18세기 프랑스와 영국의 소다회 공장 굴뚝에서 흘러나온 연기는 인근 지역을 황폐화시켰다. 1930년대에서 1950년대까지, 캐나다 브리티시 컬럼비아 주 트레일 제련소에서 배출된 오염물질들은 미국 워싱턴 주까지 이동하였다. 이 마지막 경우가 오염물질이 국경을 가로지를 때 발생하는 월경 대기오염(transboundary air pollution)의 한 예다.

1950년대 이후, 높은 굴뚝으로부터 배출되는 아황산가스는 보통 황산으로 지면에 침적되기 전까지 장거리를 이동하는 것으로 알려져 있다. 대부분 인공 오염원으로부터 배출되는 아황산가스는 북동쪽 또는 동쪽으로 수송되는데, 이는 지상 부근의 탁월풍이 남서풍 계열이고 상층의 탁월풍이 서풍 계열인 중위도 지방에서 배출되기 때문이다. 만약 아황산가스가 충분히 높은 곳에서 배출된다면, 아황산가스는 수백에서 수천 km까지 이동할 것이다. 세계에서 가장 높은 굴뚝은 캐나다 허론 호 북쪽 온타리오 주 서드베리에 위치해 있는데, 높이가 380 m인 이 니켈 제련소 굴뚝은 하늘 높은 곳에서 아황산가스를 배출하여 아주 멀리까지 이동할 수 있도록 고안되었다. 그러나 이 때문에 굴뚝으로부터 풍하 측에 위치하는 광대한 육지 지역이 즉시 황폐해졌을 뿐만 아니라 아황산가스가 미국을 포함한 아주 먼 곳까지 수송되는 결과를 낳았다.

장거리 수송은 굴뚝으로부터 배출된 오염물질뿐만 아니라 지면에 근접하여 발생되는 광화학 스모그에게도 영향을 미친다. 1987년 위스콘신 주는 일리노이 주와 인디애나 주에서부터 수송된 오존 때문에 오존 혼합비가 더 높아졌다는 것을 알게 되었다. 위스콘신 주는 일리노이 주와 인디애나 주에 오염물질 배출 조절을 강제하도록 소송을 제기하였다. 이 소송의 판결은 오존 수송 경로에 대한 연구를 수행하도록 하여 서로 화해하게 하는 것이었다[43].

오염물질들이 이동하는 경로나 거리는 많은 연구를 통해 충분히 입증되어 있다. 예를 들면, 뉴욕시에서 배출된 오염물질들은 버몬트 주 워싱턴산(Mt. Washington)으로 이동하는데, 이 과정에서 보스턴과 워싱턴 D.C. 사이의 인구 밀집 지대(BoWash corridor)를 지난다. 미국 북동부에서부터 배출된 오염물질들은 청정한 북대서양 쪽으로 이동한다[44]. 로스앤젤레스에서부터

---

43) Gerritson, S. L., 1993 : The status of the modeling of ozone formation and geographic movement in the Midwest. In *Cost Effective Control of Urban Smog*, Kosobud, R. F., W. A. Testa, and D. A. Hanson, eds. Federal Reserve Bank of Chicago.

44) Liu, S. C., M. Trainer, F. C. Fehsenfeld, D. D. Parrish, E. J. Williams, D. W. Fahey, G. Hubler, and P. C. Murphy, 1987 : Ozone production in the rural troposphere and the implications for regional and global ozone distributions. *J.*

배출된 오염물질들은 북쪽의 샌타바버라로, 북동쪽의 샌와킨 계곡으로, 남서쪽의 샌디에이고로, 동쪽의 모하비 사막으로 이동한다. 이러한 오염물질들은 또한 애리조나 주의 그랜드 캐니언에서도 발견되고 있다[45]. 샌프란시스코 베이 지역에서 배출된 오염물질들은 알타몬트 패스를 통과하여 샌와킨 계곡 안으로 분산된다.

1997년 9월 인도네시아에서 발생한 산불이 아시아 6개국으로 번진 사건도 월경 오염의 한 예이다. 중국으로부터 배출되는 아황산가스 또한 일본의 산성침적 문제의 원인 중 하나로 짐작되고 있다. 아시아 국가들로부터 배출되는 에어로졸 입자들과 오존 선구물질들은 태평양을 넘어 북미까지 장거리를 이동한다[46]. 탄화수소, 오존, PAN은 유럽을 횡단하고[47], 유럽에서 아프리카까지도 이동한다[48]. 오염물질들은 미국과 캐나다 사이, 미국과 멕시코 사이를 이동하기도 한다.

④ 구름양

구름은 두 가지 중요한 방법으로 영향을 미친다. 첫째, 구름은 자외선

---

*Geophys. Res.*, 104, 8373-8389.
Prados, A. I., R. R. Dickerson, B. G. Doddridge, P. A. Milne, J. L. Moody, J. T. Merrill, 1999 : Transport of ozone and pollutants fron North America to the North Atlantic Ocean during the 1996 Atmosphere/Ocean Chemistry Experiment (AEROCE) intensive. *J. Geophys*. Res. 104, 26,219-21,233.

45) Poulos, G. S. and R. A. Pielke, 1994 : Numerical analysis of Los Angeles Basin pollution transport to the Grand Canyon under stably stratified southweat flow conditions. *Atmos. Environ*. 28, 3329-3357.

46) Prospero, J. M. and D. L. Savoie, 1989 : Effects of continental sources on nitrate concentrations over the Pacific Ocean. *Nature*, 339, 687-689.

47) Derwent, R. G. and M. E. Jenkin, 1991 : Hydrocarbons and the long-range transport of ozone and PAN across Europe. *Atmos. Environ*. 25A, 1161-1678.

48) Kallos, G., V. Kotroni, K. Lagouvardos and A. Papadopouloa., 1998 : On the long-range transport of air pollutants from Europe to Africa. *Geophys. Res. Lett*. 25, 619-622.

복사의 투과를 감소시키므로 구름 아래에서는 광분해(photolysis) 비율이 감소한다. 둘째, 오염물질들은 구름수(cloud water) 내에서 용해되어 성우 제거 또는 구름 증발 과정을 거쳐 공기로 되돌아간다. 따라서 비를 형성하는 구름들은 대기권을 정화하는 데 도움을 준다. 구름양(cloud cover)은 보통 지상 고기압 시스템보다 지상 저기압 시스템에서 더 많고 혼합 두께도 더 깊기 때문에, 광화학 스모그 농도는 보통 고기압 시스템보다 저기압 시스템의 경계층에서 더 낮게 나타난다.

### 2) 국지 기상의 효과

대규모 기압 시스템만이 아닌, 국지 인자들 또한 기상학과 대기오염에 영향을 미친다. 이들 인자들 가운데 몇 가지를 알아보자.

#### (1) 지면 온도

지면 온도는 적어도 3가지 방법으로 국지 기상학과 대기오염에 영향을 미친다. 먼저 온난한 지면은 역전 밑면 높이가 높아지게 하고 오염물질 혼합비도 낮춘다. 반대로, 한랭한 지면 표면은 얇은 혼합 두께와 높은 오염물질 혼합비를 만들어 낸다.

둘째로 지면 온도는 풍속에 영향을 끼친다. 온난 지표면은 공기의 대류를 원활히 하여 지상 공기를 상공의 공기와 혼합되도록 한다. 그 반대도 성립한다. 지면에서의 풍속은 영(0)이고 상공으로 갈수록 더 빨라지기 때문에, 수평 바람의 연직 혼합은 지상 부근의 풍속을 더 증가시키고 상공으로 갈수록 풍속을 약하게 한다. 지상 부근에서의 더 빠른 바람은 지상 부근에서 오염물질들이 더 많이 분산되도록 하는 한편, 지면으로부터 푸석푸석한 토양 먼지와 다른 에어로졸 입자들이 부유하는 현상을 증가시키기도 한다. 지면 온도가 더 한랭해지면 반대로 지상 부근의 바람이 감속되고 지상 부근의 오염물질 축적을 증대시킨다.

셋째, 지면 온도의 변화는 지상 부근의 기온을 변화시키고, 기온은 여러 가지 생물·화학 작용에 영향을 미친다. 예를 들면, 나무로부터 배출되는 생물 기원 가스, 자동차로부터 배출되는 일산화탄소, 화학반응, 기체에서 입자로의 전환 등은 모두 온도에 의존하는 과정들이다.

(2) 토양 액체수 함양

지면 온도에 영향을 주어 오염물질 농도에 영향을 미치는 중요한 매개 변수 중 하나는 토양 액체수(soil liquid water)이다. 토양 액체수가 많아지면 지면이 냉각되어 대류가 감소하고, 혼합 두께가 얇아지며, 지상 부근의 바람이 약화되어 오염물질이 많이 축적된다. 반대로 토양 액체수가 감소하면 대류가 증가하고, 혼합 두께가 두꺼워지며 지상 부근 바람이 강해져 대기오염을 저감시킨다.

토양수는 2가지 중요한 방법으로 지면을 냉각시킨다. 첫째, 토양 내 액체수의 증발이 토양을 냉각시킨다. 그러므로 토양 내에 액체수가 많으면 많을수록, 낮 동안에 증발과 토양 냉각화가 더 많이 일어난다. 둘째, 토양 내 액체수는 토양, 공기, 물 혼합물의 평균 비열을 증가시킨다. 태양복사가 토양에 더해지면, 토양이 습윤하면 습윤할수록 토양이 가열할 수 있는 것들이 더 적어지게 된다.

토양 액체수와 온도, 바람이 대기오염에 미치는 효과에 대한 연구에 따르면, 토양수가 단지 4 %만 증가해도 지상 부근의 기온이 최대 6 ℃까지 떨어지고, 풍속은 1.5 m/s까지 감소하며, 최대 오존 혼합비가 나타나는 시간이 2시간 지연된다. 그리고 2일 주기로 나타나는 로스앤젤레스의 최대 분진 농도의 크기도 증가한다[49]. 이는 강우, 관개, 기후변화가 모두 오염물질 농도에 영향을 미친다는 것을 암시하고 있다.

### (3) 도시열섬효과

지형 특성은 지면 온도에 영향을 줌으로써 오염물질 농도에 간접적으로 관여하는 요인이다. 지구의 대부분은 물(71.3 %) 또는 눈과 얼음(3.3 %)으로 덮여 있고, 그 나머지가 삼림, 초지, 농경지, 습지, 맨땅, 툰드라, 사바나, 관목, 도시 지역으로 이루어져 있다. 도시 지역의 지표면은 주로 도로, 보도, 옥상, 식생, 맨땅으로 구성된다. 도시 건설 재질 표면은 도시열섬효과(urban heat island effect)를 가져와 지표면 온도를 증가시킨다.

도시열섬효과는 1807년 잉글랜드의 기상학자인 루크 하워드(Luke Howard, 1772~1864)[50]에 의해 처음으로 알려졌다. 하워드는 런던 도심과 외곽의 여러 장소에서 온도를 측정한 결과, 도심 내의 온도가 도시 외곽의 온도보다 일정하게 더 높다는 것을 발견하였다[51]. 지표면 온도 영상 자료를 살펴보면, 도로 표면과 빌딩 등이 특히 뜨겁다는 것이 두드러진다. 도시 지역은 낮, 밤에 상관없이 언제나 주변 식생 지역보다 더 많이 가열된다[52]. 액체수가 없는 경우에는, 증발률과 이에 따른 지표면으로부터의 에너지 손실이 액체수가 존재할 때보다 더 천천히 일어나 결과적으로 지표면 온도가 올라가도록 한다.

---

49) Jacobson, M. Z., 1999 : Effects of soil moisture on temperatures, winds, and pollutant concentrations in Los Angeles. *J. Appl. Meteorolol*. 38, 607-616.

50) 1802년 구름의 분류를 최초로 시도하였다.

51) Pedgley, D. E., 2003 : Luke Howard and his clouds., *Weather*, 58(2), 51-55.

52) Oak, T. R., 1988 : The urban energy balance. *Prog. Phys. Geor*. 12, 471-508.

도시 온도가 증가하면 혼합 두께가 두꺼워져 지상 부근의 바람이 빨라지고 오염 농도를 낮추게 된다. 도시 온도의 증가는 또한 뇌우 활동의 증대에도 영향을 미친다[53].

(4) 국지바람

대기오염에 영향을 미치는 또 다른 인자는 국지바람이다. 불균등한 지면 가열, 다양한 지형, 국지 난류로 인해 발생하는 국지 기압경도는 대규모 바람을 변형시키거나 혹은 약화시킬 수 있다. 중요한 국지바람에는 해풍, 호풍, 만풍, 육풍, 곡풍, 산풍 등이 포함된다.

① 해풍, 호풍, 만풍

해풍, 호풍, 만풍은 낮 동안 바다, 호수 또는 만과 육지 사이에서 형성된다. 낮 동안, 육지는 바다에 비해 상대적으로 더 가열된다. 땅의 비열이 물보다 더 작기 때문이다. 육지 상에서 상승하는 공기는 상공에서 강제적으로 수평 발산되어 지상 기압을 감소시킨다. 육지와 바다 사이의 기압경도의 결과로, 공기는 상대적으로 기압이 높은 바다에서 육지 쪽으로 움직이게 된다. 해수가 육지와 만나는 곳에서 지상 부근으로 공기가 움직이는 것을 해풍이라 한다. 해풍에도 전향력이 작동하기는 하지만, 해풍으로 이동되는 거리(수 km)가 너무 짧기 때문에 뚜렷한 전향을 보기 어렵다.

해풍이 붊과 동시에, 육지 상공에서 발산된 공기는 바다 쪽으로 되돌아간다. 바다 상공에서 공기가 수렴되면 해상의 지상 기압이 증가하여, 바다에서 육지로 향하는 지상 공기의 흐름을 발생시킴으로써 기본 해풍 순환 세포(basic sea-breeze circulation cell)를 완성하게 된다. 야간에는 육지가 바다보다

53) Bornstein, R. and Q. Lin, 2000 : Urban heat islands and summertime convective thunderstorms in Atlanta : Three case studies. *Atmos. Environ.* 34, 507-516.

훨씬 많이 냉각되어 모든 기압이나 흐름의 방향이 정반대인 육풍을 발생시킨다. 육풍은 육지로부터 바다로 향하는 지상 부근 공기의 흐름이다.

② 산곡풍

곡풍은 계곡에서부터 산 사면을 따라 불어 올라가는 바람으로, 낮 동안 산 사면이 가열되어 발생한다. 가열된 공기는 상승하고, 상승하는 공기를 대체시키기 위해 계곡으로부터 공기를 끌어올리게 된다. 곡풍의 반대를 산풍이라 한다. 산풍은 산 사면에서 생겨나 산 아래로 내려오는 바람이다. 산풍은 산 표면이 급격히 냉각되는 밤에 발생한다. 산 표면이 냉각됨에 따라 산 표면 위의 공기도 냉각되여 아래쪽으로 흘러내려오게 된다.

③ 굴뚝 효과와 고가 오염층

분지 내의 오염물질들은 산맥의 통로와 산 능성을 통하여 탈출할 수 있다. 탈출의 세 번째 메커니즘이 산 굴뚝 효과(mountain chimney effect)이다[54]. 산 사면이 가열되어 오염물질들을 포함하고 있는 공기가 상승하면, 혼합층 내에 존재하는 오염물질들이 자유 대류권 내로 유입된다.

기체와 입자들은 분산되는 대신 고가 오염층(elevated pollution layers)을 만들기도 한다. 이들 층 내의 오염 농도는 보통 지상 부근의 농도를 능가한다.

첫째, 해풍순환 자체는 바다로 되돌아가는 복귀 흐름이 존재하는 동안 역전층 안으로 오염 공기를 치올리고 주입하는 과정에서 고가 오염 층이 형성될 수 있다. 일본 도쿄[55], 그리스 아테네[56], 미시건 호 근처[57]에서 이런

---

54) Lu, R. and R. P. Turco, 1995 : Air pollution transport in a coastal environment-II. Three-dimensional simulations over Los Angeles Basin. *Atmos. Environ.* 29, 1499-1518.

55) Wakamatsu, S., Y. Ogawa, K. Murano, K. Goi, Y. Aburamoto, 1983 : Aircraft survey of the secondary photochemical pollutants covering the Tokyo metropolitan area. *Atmos. Environ.* 17, 827-836.

56) Lalas, D. P., D. N. Asimakopulos, D. G. Deligiorgi, C. G. Helmis, 1983 :

메커니즘으로 형성된 고가 오염층들이 보고되고 있다.

둘째, 바람에 실려 산 사면을 따라 강제로 상승한 공기의 일부가 역전층 내로 들어가 수평으로 퍼질 수 있다. 일부 공기들은 계속 산 사면을 따라 올라가 역전층을 통과하고 일부는 역전층 내로 되돌아오는 순환 과정을 반복하게 된다.

셋째, 굴뚝에서 또는 산불 배출된 연기는 부력으로 역전층 안으로 상승할 수 있다. 역전층은 플룸이 상승할 수 있는 높이와 플룸이 수평적으로 퍼질 수 있는 힘을 제한한다.

넷째, 지상 오존이 파괴됨에 따라 경계층 내에 고가 오존층들이 형성될 수 있다. 오후 동안, 오존은 혼합 두께를 통하여 균일하게 묽어진다. 저녁에는 지면이 냉각되어 상공의 안정도와 관계없이 지표면 부근의 공기는 안정을 유지한다. 그래서 야간에 일산화질소가 배출되는 지역에서는 일산화질소가 지표면 부근의 오존을 파괴한다. 지표면 부근의 야간 공기는 안정하기 때문에, 상공의 오존이 지상 오존의 손실을 보충하기 위해 아래쪽으로 내려와 혼합될 수 없다. 그 다음날 혼합 두께가 증가되어, 고가 오존층을 따라잡으면 상공의 오존은 비로소 아래로 내려가 혼합된다. 주간에 일어나는 고가 오존의 'downmixing'은 로스앤젤레스의 어떤 지역에서 지상 오존 농도를 30~40 ppbv만큼 증가시켰다고 추정된다[58]. 그러나 야간에 NO(g)의 배출이 적은 경우에는 고가 오존층이 이 메커니즘에 따라 형성되

---

Sea-breeze circulation and photochemical pollution in Athens, Greece. *Atmos. Environ.* 17, 1621-1632.

57) Fitzner, C. A., J. C. Schroeder, R. F. Olson, and P. M. Tatreau, 1989 : Measurement of ozone levels by ship along the eastern shore of lake Michigan. *J. Air Pollut. Control. Assoc.*, 39, 727-728.

58) McElory, J. L. and T. B. Smith, 1992 : Creation and fate of ozone layers aloft in Southern California. *Atmos. Environ.* 26, 1917-1929.

지 않았다.

④ 플룸 분산

국지 기상이 대기오염에 미치는 또 다른 영향은 플룸 분산을 통해 나타난다. 그림 2-7은 여러 가지 안정도 조건에서 이루어지는 고전적인 플룸 형상의 단면도를 설명한 것이다. 공기가 안정된 상태에서 굴뚝으로부터 배출되는 오염물질들은 상승 또는 하강하지 않는다. 그 대신 그들은 수평적으로 퍼진다. 위에서 내려다보면, 오염 분포는 거대한 부채처럼 보인다. 부채형(fanning)으로 형성된 오염물질들은 지표면 아래로 내려와 혼합되지 않기 때문에, 굴뚝의 풍하 측에 살고 있는 주민들이 여기에 즉각적으로 노출되는 않는다. 굴뚝의 풍하 측에 거주하는 주민들에게 즉시 영향을 미치는 최악의 기상 조건은, 굴뚝 아래가 중립 또는 불안정하고 굴뚝 위는 안정할 때 발생한다. 이 조건은 훈증형(fumigation)을 유도하거나 지표면 쪽으로 오염물질들을 downwashing시킨다. 파상형(looping)은 대기가 불안정할 때 발생한다. 이러한 조건 하에서 굴뚝으로부터 배출이 일어나면, 난류의 정도에 따라 상승과 하강을 반복하게 된다. 원추형(conning)은 대기가 중립으로 성층되었을 때 발생한다. 이러한 환경에서 배출된 오염물질들은 위쪽과 아래쪽으로 천천히 분산되는 경향이 있다. 굴뚝 아래와 위 모두에 안정한 대기가 존재할 때 상승형(lofting)이 발생한다. 상승형은 굴뚝의 풍하 측에서 사는 사람들이 오염물질에 즉시 노출될 가능성이 가장 적은 경우에 해당한다.

## 4. 대기오염의 영향

도시 대기오염은 광범위하고 다양하게 영향을 끼친다. 그중 몇몇은 다른 것보다 훨씬 쉽게 인식할 수 있다. 산성비(acid rain)와 온실효과(greenhouse effect) 같은 현상은 각각 다음 장들에서 다루기로 하고, 이 장에서는 비활성 재질, 식생, 동물 및 인간에 대한 대기오염의 효과에 중점적으로 살펴보고자 한다.

### 1) 비활성 재질

대기오염은 얼룩, 마모, 화학적인 영향 및 부식과 같은 여러 방식으로 비활성물질들을 파괴할 수 있다. 물질들은 햇빛, 비, 바람 등 자연적인 원인에 의해 재질이 약화되기 때문에, 대기오염이 물질에 끼치는 포괄적인 영향을 직접적으로 평가하기는 어렵다. 그러나 미국에서 비활성재료에 대한 연간 경제적 손실을 추정한 바에 따르면 그 액수는 1년에 약 10억 달러에 달했다.

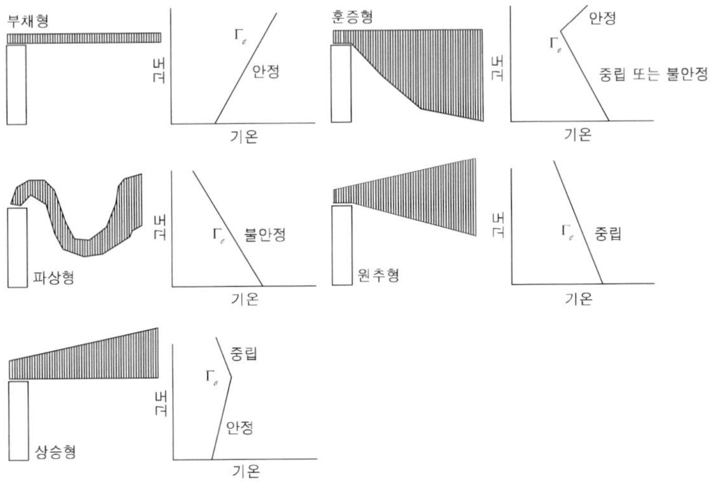


**그림 2-7** 여러 가지 안정도 조건 하에서 나타나는 플룸의 단면도.(출처 : Jacobson, 2002)

가장 큰 경제적인 손실은 페인트로 칠한 표면에서 일어난다. 입자상 물질(particulates)들이 페인트로 칠해진 표면에 달라붙어 얼룩을 만드는 것이다. 입자상 물질은 역학적인 힘 또는 정전기력으로 축적되며, 페인트가 마르는 동안 약간의 입자들이 부착되면 영원히 표면에 달라붙어 있게 된다. 입자들의 축적은 표면을 새로운 페인트로 칠하기 전까지 끊임없이 계속된다.

페인트에는 물질의 표면을 덮고 색을 내기 위해 여러 산화물을 첨가하는데, 대기오염이 심해지면 보호 코팅이 손상되고 바로 밑의 재료가 노출되어 페인트의 기능이 제한된다. 이 점에서 아황산가스와 금속염들은 특별히 해로운 물질이다. 2 ppm 또는 그 이상의 아황산가스를 포함하고 있는 공기에 노출될 때는 초벌 페인트 기름의 건조 시간이 100 % 이상 증가한다는 관측이 있다.

차 외부에 도색된 페인트도 오염된 공기에 포함된 철 때문에 손상된다. 그러한 오염은 빻는 공정(grinding operation)을 행하는 장소 주변에서 일어난다. 습기와 철 입자들이 상호작용하여 수산화물 제1철은 자동차의 페인트칠한 표면에서 생성된다. 그 결과 페인트는 영구히 착색된다.

금속 부식은 초산 화합물이나 알칼리 화합물에서 나타난다. 아연은 오염공기의 부식력에 특히 영향을 잘 받는 금속이다. 그러나 아연은 만약 금속 아연 코팅을 하지 않으면 아주 빠른 부식이 일어날 강철을 보호한다. 대기의 수분은 금속 부식의 속도를 결정하는 임계 요인이다. 상대습도가 낮으면 부식률도 낮지만, 상대습도가 80 % 이상으로 증가하면 부식률은 훨씬 높아진다. 또한 부식은 높은 온도에서 더 빠르게 일어나는데, 이는 화학반응에 온도가 영향을 미치기 때문이다.

많은 건축 석재의 구성 성분은 칼슘 또는 마그네슘 석회암이다. 이러한 탄산염은 산에 잘 용해된다. 반면 화강암이나 사암과 같은 다른 건축 석재들은 대기오염물질에 쉽게 손상을 받지 않는다. 건물에 사용하는 벽돌은 일반적으로 대기오염물질로부터의 손상을 막지만 콘크리트 몰타르는 아황산가스에 특히 큰 영향을 받는다. 비활성재료에 대한 대기오염물질의 영향에 관한 한 예로 클레오파트라의 오벨리스크(Cleopatra's needle)의 가치 감손을 들 수 있다. 이것은 이집트에 있었던 3000년 동안보다 런던으로 옮겨진 뒤 90년 동안에 더 풍화작용을 많이 받았다.

오염된 공기에 직물 재료(textile material)가 노출되면 재료 자체가 약해질 뿐만 아니라, 자주 세탁을 해야 하기 때문에 기능적인 내구연한이 감소된다. 부수적인 자연적인 직물의 약해짐은 햇빛, 산소, 습도 및 온도 변화에 의해서 일어난다. 아황산가스의 농도를 서로 다르게 하여 거기에 면직 의류를 노출시켜 보면, 오염물질의 농도가 증가함에 따라 재료의 절단력(breaking strength)이 뚜렷이 감소한다는 사실을 확인할 수 있다.

피혁, 고무, 종이 등도 대기오염으로 손상을 입는다. 피혁은 아황산가스나 오존 같은 오염물질들의 영향으로 부서지고 약해진다. 고무는 특히 오존에 민감하고 대기 중의 고농도 오존에 장시간 노출되면 탄력성을 일부 잃을 수 있다. 종이는 대기 중의 아황산가스 농도가 높을 때는 급격한 질 저하가 일어난다.

### 2) 식생

식생 성장은 화학적・물리적 과정을 수반한다. 광합성(photosynthesis)은 식물이 물과 이산화탄소를 결합시켜 탄수화물과 산소를 생산하는 화학적 과정이다. 식생에서 계속적으로 일어나고 있는 물리적 과정은 호흡작용(respiration)과 증산작용(transpiration)이다.

식물 잎 표면의 아래 부분에는 기공이라 부르는 작은 구멍이 있다. 이곳을 통하여 대기와 기체, 유체들을 교환한다. 증산과정은 유체의 움직임을 포함하는 반면 호흡과정은 기체들의 움직임과 연관된다. 기공은 수분과 빛에 반응하여 작은 구멍을 열거나 닫는 기능을 가진 공변세포로 둘러싸여 있다. 풍부한 수분을 가지고 활발히 성장하는 식물은 기공을 활짝 열어 대기를 많이 교환한다. 따라서 대기오염물질의 해로운 영향은 가장 활발히 성장하는 식물에게서 최고조에 도달한다.

1944년 미국 로스앤젤레스 분지 내에서 광화학 스모그에 의한 식생 피해가 처음 보고된 이후, 대기오염물질에 의해 파괴되는 식물종의 리스트는 계속 증가하고 있다. 미국 대기오염 조절 협회(Air Pollution Control Association)는 연구자들이 식생에 피해를 주는 대기오염 형태를 파악하는데 도움을 줄 목적으로 도감을 출간하였다. 여기에는 오존, 아황산가스, 불화물, 산화질소 및 일산화탄소를 포함한 기타 여러 물질들이 식생에 대단히 해로운 것으로 나타나 있다.

여러 가지 오염물질에 대한 문턱 피해값(threshold injury value)을 결정할 목적으로 여러가지 실험들이 행해졌다. 단지 수 시간 동안 고농도의 오염물질에 노출되는 것만으로도 잎에 점이 찍히듯 표백되는 현상, 침엽수 끝부분의 갈색화, 잎의 발육 저하 같은 증상은 충분히 일어날 수 있다. 잎의 성숙기는 이중 많은 경우에 한 요인이 된다. 아주 초기의 잎들은 대부분 약간의 오염물질에만 영향을 받지만, 성숙한 잎들은 나머지 오염물질들 대부분에 민감하다.

가스 상태의 오염물질들만이 아니라 고체상 물질 역시 식생을 파괴한다. 시멘트 공장 주변의 먼지 입자들은 많은 식물종을 손상시키는 것으로 나타나고 있다. 기공을 막아 식물의 잎이 가지는 고유의 기능을 방해하는 것이다.

기공의 폐쇄, 잎의 증산 및 호흡 기능의 저하는 입자상 물질의 성분이 무엇이든 간에 그 농도가 증가되면 일어난다.

### 3) 인간과 동물에 대한 효과

대기오염물질들의 농도가 증가됨에 따라 많은 영향을 많이 받는 신체 부분은 눈과 호흡계이다. 특히 광화학 스모그 물질들은 직접적으로 인간에게 영향을 미친다. 광화학 스모그의 농도가 높은 지역에서는 많은 사람들이 눈이 따가운 증상으로 고통을 받는다. 다행히 눈에 미치는 영향은 대부분의 경우 가벼운 불쾌감 정도로 그친다. 우리의 눈이 외부 물질들을 씻어 내리기 위한 좋은 세척 메커니즘(눈물)을 지닌 덕이다.

그러나 호흡계와 상호작용하는 오염물질들은 훨씬 더 심각한 위협을 가한다. 인간의 호흡계는 콧구멍을 통하여 빨아들인 공기가 후두와 넓은 관을 통과하여 기관지로 지나 폐로 들어가는 구조로 이루어져 있다(그림 2-8). 폐 속에는 폐포라 부르는 수백 만 개의 공기 주머니가 있어, 혈류 속으로 산소를 교환하고 혈류에 흐르는 이산화탄소를 공기 속으로 내보낸다. 호흡하는 과정에서 들이마신 공기가 비강에 첨가되는 반면 불순물은 축축한 점액막 기투에서 제거된다. 오염물질들은 기관 및 기관지 벽에 수집되었다가 코 또는 입으로 되돌아가는 섬모 운동으로 제거된다. 나머지 공기와 함께 폐 속으로 들어간 가스들은 그곳에서 영향력을 발휘한다. 또한 폐 속에 먼지가 수집되어 만성 기관지염, 기종 및 다른 호흡기 질병들을 생산한다.

(1) 영향을 미치는 오염물질

① 아황산가스

1952년 영국 런던에서는 최악의 대기오염 사건이 발생하였다. 이 사건으로 수천 명이 사망하였다. 이 중 초기 사망자를 발생시킨 것으로 추정되는 일차 오염물질은 아황산가스이다. 동물을 대상으로 한 실험에서, 아황산가스를 약 25 ppm 농도로 45일 동안 노출시켰을 때의 사망률은 0이었다. 더 높은 농도에서는 동물들의 감지 정도에 따라 사망률이 변동하였다. 쥐는 150 ppm에서 850시간 동안 노출시키자 행한 후에 50 %가 죽었다. 130 ppm에 노출된 기니피그(guinea pig)의 경우 154시간 내에 50 %가 죽었다. 노출 수준을 1,000 ppm까지 끌어올리자 약 4시간 내에 쥐의 50 %가 죽었다.

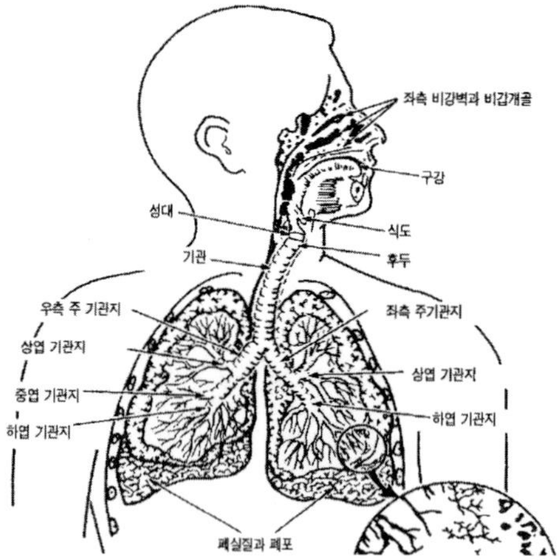


**그림 2-8** 대기오염에 극도로 취약한 호흡계.(출처 : 윤일희, 1998)

아황산가스에 노출된 인간과 동물에게서 나타나는 증상은 기침, 폐 약화를 비롯한 각종 병리학적인 변화이다. 아황산가스는 동물과 인간 모두에게

기관지 협착을 일으킨다. 1952년 런던 사건 동안 아황산가스의 노출은 3일 동안 0.5 ppm을 조금 넘었다.

입자상 물질들은 아황산가스와 상승 효과를 일으키는 것처럼 보인다. 런던의 연기로부터 분리된 입자들을 배양기에 넣으면 인플루엔자와 같은 일반적인 호흡기 병원균의 성장을 향상시킨다. 이것은 대기 중의 입자상 물질들이 만성 기관지염을 앓고 있는 환자들에게 호흡기 전염의 빈도를 증가시키는 이유가 된다.

② 질소산화물

고농도의 질소산화물에 노출되면 사망할 수도 있다. 쥐와 토끼를 175 ppm의 농도에서 30분 동안, 혹은 420 ppm의 농도에서 15분 동안 노출시켰을 때 모두 죽었다. 질산을 생산하는 공장에서 일하는 노동자들, 사일로를 채우는 농부들, 전기 노동자들은 직업병을 일으킨다. 눈이 따가운 증상은 질소산화물 15 ppm 농도에 노출되었을 때 일어난다. 기관지염과 폐렴은 일산화질소 50 ppm 농도에서 발생한다. 200 ppm 범위의 일산화질소의 농도에 단기간 노출되면 치명적인 폐 섬유조직 증식의 원인이 되기도 한다.

③ 일산화탄소

일산화탄소는 대기 중에서 연료가 연소됨에 따라 발생하는 도시 대기오염물질 중 하나이다. 순수한 공기에 함유된 이들이 호흡으로 인체에 들어오면 사람에게 영향을 준다. 일산화탄소는 폐 속에 흡수되어 혈류 속의 헤모글로빈에 부착된다. 일산화탄소에 대한 헤모글로빈의 친화력은 산소에 대해서보다 수 배 정도 강력하다. 때문에 혈액 속에 더 많은 일산화탄소가 흡수되어 체내의 산소 운반 능력을 저하시킨다.

담배 연기 속에 들어 있는 혈액 내 카르복실헤모글로빈의 일반적인 비율은 5 %이다. 이는 비흡연자의 0.5 %와 비교하면 10배 많은 수치다.

그러므로 오염된 공기로부터의 일산화탄소 흡수에는 비흡연자보다 흡연자가 훨씬 많은 영향을 받는 것으로 예상할 수 있다. 비흡연자가 90분 동안 일산화탄소 50 ppm 농도에 노출될 경우, 시간 간격 근사에 어려움을 겪게 될 것이다. 시력 변화는 흡연자나 비흡연자 모두에게 나타나며 성능의 저하는 카르복실헤모글로빈의 농도가 5 % 이상이 될 때 일어난다. 이 수준에서는 심장관에도 변화가 일어난다.

④ 오존

오존의 농도가 높아지면 다양한 동물종이 죽을 수 있다. 기니피그는 오존 농도 50 ppm에서, 쥐와 토끼의 경우 21 ppm 농도에서 실험 동물 군집의 50 % 이상이 죽었다. 치사량에 못미치는 농도에서는 보통 출혈과 부종(유체의 비정상적인 축적)을 동반한 호흡관 염증을 일으킨다.

사람이 고농도의 오존에 노출되면 어떤 증상이 나타날까? 1시간 30분 동안 0.94 ppm에 노출될 경우에는 기침, 이상 과민, 무력증, 1시간 동안 3 ppm에 노출될 경우에는 불면증이 나타난다. 그 밖에도 혈압이 올라가고 두통을 일으키며 호흡 곤란과 폐부종 증상이 나타난다.

⑤ PAN

PAN과 같은 광화학 스모그에 사람이 노출될 때 가장 확실하게 나타나는 반응은 눈 따가움이다. 반응은 사람마다 다양하게 나타나는데, 대체로 나이가 많은 사람일수록 더 민감하며 과민 증상이 오랫동안 지속된다. PAN의 고농도에 노출된 쥐들은 일산화질소의 치사 수준과 비슷한 농도에서 죽었다.

⑥ 입자상 물질

호흡계로 흡입된 입자상 물질들은 기관, 기관지, 폐 등의 벽을 따라 축적된다. 이중 어떤 입자들은 비교적 유해한 것으로 나타난다. 그러므로 입자들의 화학적 구성은 어떤 물질들의 독성을 결정하는 데 중요하다.

오염된 공기는 동물들에게 발암 물질로 기능하는 금속 먼지, 석면, 유기 물질들을 포함하고 있다. 입자상 물질과 아황산가스 사이의 상승효과는 이미 언급한 바 있는데 이것이 건강에 악영향을 미치게 된다. 또 계속적으로 심한 먼지 환경에 노출되면 기관지염과 기종을 일으킨다.

기체상 또는 입자상 자극 물질들은 호흡관 내 섬모의 운동이 느려지게 하거나 심지어는 정지시키기 때문에 밑에 있는 세포들이 보호받지 못한다. 이러한 자극 물질들은 점액량을 증가시키거나 또는 점액이 탁해지도록 하고, 기도의 협착을 일으킨다. 또한 기도의 내층을 형성하는 세포들이 부풀게 하거나 과도한 성장을 유도하여 섬모의 손실을 가져오게 함으로써 해로운 영향을 미친다.

⑦ 기타 유해물질

대도시 상공의 납 농도는 농촌 상공보다 수 배 정도 많다. 도시에서 납의 일반적인 농도는 약 3 $\mu g/m^3$에 달한다. 이러한 수준 이하의 농도가 혈중의 납을 증가시킨다고는 생각되지 않기 때문에, 도시 상공의 납 농도가 일반 주민들에게 위협을 가한다고 말하기는 어렵다. 예외적으로 주차장 노동자나 훨씬 높은 농도에 노출되었던 사람들에게 해로운 영향을 끼칠 수는 있다.

특별히 도시 지역에서는 석면 입자들이 대기오염의 한 부분을 차지한다. 석면이란 함수 규산염의 숫자와 관련된 용어이다. 세계에서 생산되는 석면의 대부분은 관 모양의 사문석 재질로 이루어진다. 방염 처리된 석면은 현재 일반적으로 사용이 금지되어 있다. 미국 환경보호청은 노후된 건물로부터 절연 재료들을 제거하도록 규제하고 있다. 다만 자동차의 브레이크 라이닝은 보통 석면으로 제작되나 이것이 대기오염원의 주요 문제는 아닌 것으로 보인다. 이러한 석면은 자동차의 브레이크와 연관되어 온도가 극도로 높아지는 과정에서 물리적 특성이 바뀌기 때문에 사람에게는 해를 끼치지 않는다.

(2) 호흡기 질병

지금까지 대기오염물질의 농도와 호흡기 질병의 연관성에 관한 여러 연구들이 수행되었다. 여기에서는 대기오염으로 인한 여러 가지 특정 질병들이 각각 논의될 것이다.

① 기관지 천식

기관지 천식(bronchial asthma)은 공기통과 도시 공기에 포함된 어떤 물질에 대한 비정상적인 반응 상태를 드러내는 일종의 알레르기이다. 천식은 근육경련, 점막의 부풀음 그리고 점액 분비의 비후 또는 증가로 기도가 좁아질 때 발병한다. 이 상태 자체는 일시적이나, 재발하면 보통 만성으로 분류된다.

천식은 다양한 종류의 물질들에 자극받아 유발된다. 어떤 사람들에게는 오염된 공기가 유발 메커니즘(trigger mechanism)으로 작용한다. 아황산가스는 이러한 원인으로 작용하는 특정 오염물질이다. 그러나 많은 천식 발병의 원인은 특정 오염원과 관계 지우기가 매우 어렵기 때문에 대기오염과 천식 발병의 관계에도 불확실성이 존재하게 한다. 그러나 미국 캘리포니아 주의 로스앤젤레스와 파사데나, 루이지애나 주의 뉴올리언스 그리고 테네시 주의 내시빌 같은 도시에서는 대기오염이 천식과 관련성을 가진다는 상황 증거들이 있다.

② 만성 기관지염

통계에 의하면 과거 수년 동안 만성 기관지염(chronic bronchitis)에 의한 사망률이 꾸준히 증가하였다. 만성 기관지염으로 인한 사망자의 추정량은 아마도 낮을 것이다. 왜냐하면 이것이 일반적으로 사망의 주원인보다는 사망 요인으로 간주되기 때문이다. 대기오염과 만성 기관지염과의 관계는 흡연이 만성 기관지염을 일으키는 원인이라는 측면에서 훨씬 더 혼란스럽다. 만성 기관지염은 보통 재발률이 높은 기관지 감염을 동반하기 때문에 이들의 원인과 영향을 밝히는 것도 복잡하다.

점액의 흐름과 박테리아를 파괴하는 세포의 능력이 오염 공기를 빨아들임으로 없어지거나 중단한다는 연구 결과들이 보고되고 있다. 만약 이것으로 더 많은 박테리아가 깨끗한 기관지까지 도달한다면, 적어도 이론적으로는 오염 공기가 만성 기관지염에 기여할 수 있음을 명백히 밝히는 것이다. 박테리아성 감염이 기관지 내에 발생한 뒤에는 끊임없는 손상을 일으킨다는 연구들이 있다. 이것은 약간의 박테리아가 기관지 내에 남아서 반복적으로 감염을 일으켜 결국에는 만성 기관지염을 발생하는 것이다.

③ 폐기종

폐기종(pulmonary emphysema)은 폐 속의 해부학적 변화를 표현하는 것으로, 증상은 숨이 짧아지고 산소 결핍 증세를 보인다. 이 상태는 말단 세기관지로 넘어가는 아주 작은 공기 공간들인 폐기포의 벽이 쇠약해지는 것과 관련된다. 폐기포 벽면의 질 저하가 계속 심해짐에 따라 질병으로 진행되는 것이다.

폐기종을 일으키는 요인에는 그 외에도 여러 가지가 있다. 이것은 보통 천식 및 만성 기관지염과 관련되어 나타나며 이들 중 하나라도 있으면 기종이 심해진다. 대기오염과 기종의 관련성을 알기 위한 노력들이 남아 있다. 어떤 연구에서는 이들 사이에 강한 연관성이 있음을 지적하였다. 이 연구는 심하게 오염된 미국 미주리 주의 세인트루이스 주민 300명과 캐나다의 비교적 오염이 덜 된 동수의 위니펙 주민들을 비교하였다. 이들의 폐를 해부해 본 결과, 주제들은 성별, 직업, 사회・경제적 지위, 흡연 여부,

그리고 사망 연령과 잘 일치하였다. 동일한 연령층에서는 위니펙보다는 세인트루이스에서 기종이 훨씬 더 만연하였다. 이러한 연구 결과는 오염이 심한 환경에서 기종이 더 일찍 발달하고 더 급격하게 진행된다는 사실을 지적하고 있다.

광화학 스모그를 연구한

# 에어리 하겐스미트

Arie Jan Haagen-Smit, 1900~1977

네덜란드의 화학자인 에어리 하겐스미트. 광화학 스모그의 연구로서 유명하다.

네덜란드 화학자인 에어리 얀 하겐스미트는 1900년 12월 22일 네덜란드 위트레흐트(Utrecht)에서 태어났다. 그의 아버지는 네덜란드 왕립 조폐창(the Netherlands Royal Mint)의 수석 화학자였다. 화폐는 금과 은 동전으로 만들어졌고, 하겐스미트의 첫 번째 화학 수업은 조폐창에서 금과 은 덩어리 사이를 여동생과 함께 숨바꼭질하면서 이루어졌다. 그는 또한 그의 아버지가 금, 은, 동의 양을 분석하기 위해 동전을 녹이는 광경을 지켜보기도 했다.

위트레흐트에 소재한 고등학교(Rijks Hoogere Burger School)에 다니던 시절, 하겐스미트는 수학에 대단한 매력을 느꼈다. 그는 독학으로 미적분학을 깨우쳤고 물리학에도 관심을 가지게 되었다. 1918년, 하겐스미트는 위트레흐트 대학교(University of Utrecht)에 입학하여 화학을 전공하였다. 1922년 그는 유기 화학으로 위트레흐트 대학교에서 학사학위를 받으며 같은 대학교에서 1926년 석사학위, 1929년 박사학위를 취득하였다. 그의 연구 내용은 식물에서 발견되는 탄화수소물인 테르펜에 관한 것이었다. 그의 박사학위 논문의 제목은 「Investigations in the Field of Sesquiterpenes」이었다.

하겐스미트는 1929년부터 1935년까지 위트레흐트 대학교에서 수석 조수(chief assistant)로 근무하였다. 그는 식물에서 유기물, 특히 옥신(Auxin)[59]을 추출하는 전문가였다. 1936년 케니스 팀만(Kenneth Vivian Thimann, 1904~1997)[60]으로부터 의해 하버드 대학교에 강의를 맡도록 초청받았다. 그는 1937년 캘리포니아 공과대학(Caltec)의 부교수로 임명되었고, 1940년 교수로 승진하였다.

1948년 하겐스미트는 스모그에 의한 식물의 피해를 조사하기 시작하였다. 1950년 그는 통 속에 식물을 넣고 봉한 다음 오존에 노출시키면, 식물은 야외 스모그에 노출된 식물이 피해를 보는 것과 동일한 종류의 피해를 나타낸다는 것을 발견하였다. 이런 사실로부터 그는 "오존이 광화학 스모그의 성분이다"라고 추론해 내기도 했다. 또한 하겐스미트는 오존이 눈을 따갑게 하고, 물질에 피해를 주며, 호흡기 문제를 일으킨다는 것을 발견하기도 했다. Caltec의 다른 연구자들은 가죽을 강한 수준의 오존에 노출시켰을 때 수 분 안에 가죽이 갈라지는 것을 발견하였다. 1952년 하겐스미트는 마침내 스모그 내의 오존 형성 메커니즘을 밝혀냈다. 실험실에서 그는 햇빛이 비치는 곳에서 질소의 산화물과 활동적인 탄화수소물들을 결합시켜 오존을 만들었다. 그는 오존과 오존의 전구물질들이 로스앤젤레스 광화학 스모그의 주된 구성 물질이라고 제안하였다.

그러나 탄화수소물을 생산하는 것은 자동차만이 아니었다. 남부 캘리포니아 주에 소재한 수많은 화력 발전소들이 또한 주요한 오염원들이었다. 1957년 하겐스미트는 남부 캘리포니아 에디슨 회사(the Southern California

---

59) 생장 호르몬의 하나로서 식물의 성장을 촉진시킨다.

60) 잉글랜드 출신의 미국 식물 생리학자로서 하버드 대학교 교수를 역임했으며 20세기 호르몬과 식물 성장 연구에 대한 선구자이다.

Edison Company) 소속 공장들의 대기오염 조절에 대한 연구를 실시하였다. 이러한 연구 결과 그는 탄화수소뿐만 아니라 질소산화물 배출도 저감할 것을 회사에 권고하였다. 1960년 캘리포니아 주 정부는 자동차 오염 조절 위원회를 결성하였고, 하겐스미트는 오염 기준 설정 위원회의 위원장을 맡게 되었다.

하겐스미트는 오존에 의한 긴박한 사회 문제를 타파하기 위해 존경받는 학술 연구를 포기할 만한 용기를 가지고 있었다. 다른 과학자들과 달리, 그는 문제들을 인식하는 데 멈추지 않고 치료법을 찾아내는데 노력을 아끼지 않았다. 자동차에 의한 오염 여부는 여전히 확인되지 않았지만 카운티, 주, 국가 수준의 오염에 대해서는 규제가 이루어졌다. 충분한 걸 끝에 그는 로스앤젤레스 카운티 대기오염 조절 지구(the Los Angeles County Air Pollution Control District)에 측정 장치들을 설치하기 시작하였다. 그의 권고로 캘리포니아 주 정부는 주를 관장하는 대기자원 위원회를 설립하였다. 1968년 로널드 레이건(Ronald Reagan, 1911~2004) 주지사는 그를 이 위원회의 초대 위원장으로 임명하였다.

하겐스미트는 1971년 Caltech을 은퇴하였지만, 1973년까지 캘리포니아 대기자원 위원회(California's Air Resources Board; CARB)의 위원장 자리를 역임하였다. 그는 계속해서 스모그 현상 감소 방안을 연구하였다. 그는 또한 1969년부터 1970년까지 대통령 산하 대기오염 특별전문위원회(President's Task Force on Air Pollution)의 위원을 맡았고, 1971년부터 1976년까지 환경보호청의 국가 대기 질 자문위원회(the National Air Quality Advisory Committee)의 위원으로 활동하기도 했다.

하겐스미트는 할 수 있는 모든 방법으로 스모그 조절에 자신의 독창성과 에너지를 바쳤다. 그는 1977년 3월 18일 폐암으로 영면하였다. 그가 죽고

2개월 뒤에, 대기자원위원회 실험실은 그를 기념하여 에어리 얀 하겐스미트 대기오염 연구 실험실(the Arie Jan Haagen-Smit Laboratories of Air Pollution Research of the Air Resources Board)로 개명하였다.

# 제3장◉ 산성비

산성침적은 황산, 질산 또는 염산이 기체 또는 액체 형태로 공기 중에 방출되거나, 공기 중에서 만들어져 토양, 호수, 농지 또는 빌딩에 침적될 때 발생한다. 산성을 띤 기체들의 침적을 건성 산성침적(dry acid deposition)이라 하고, 산성을 띤 액체들의 침적을 습성 산성침적(wet acid deposition)이라 한다. 습성 산성침적은 비(산성비), 안개(산성 안개), 또는 에어로졸 입자(산성 연무) 형태로 이루어진다. 지구 표면에서 산들은 미생물, 어류, 삼림, 농업, 구조물에 대한 피해를 포함해 환경에 다양한 영향을 끼친다. 또한 공기 중에 높은 농도로 존재하는 산들은 인간에게 해를 끼친다. 산성침적 관련 문제들은 석탄이 처음 연소될 때부터 존재했던 것이지만, 18세기 산업혁명 동안 악화되었다. 19세기 프랑스와 영국에서 일어난 알칼리 산업의 성장으로 문제는 더욱 심각해졌다[1].

화학자들은 7.0 미만의 pH를 가지는 매질을 편의상 산성이라 한다. 7.0 이상의 pH를 가진 용액은 염기성이며, 중성은 7.0의 pH로 판정된다[2].

---

1) Jacobson, Mark Z., 2002 : *Atmospheric Pollution–History, Science, and Regulation.* Cambridge University Press, p. 254.

2) Akerman, Steven A. and John A. Knox, 2003 : *Meteorology– Understanding the Atmosphere.* Brooks/Cole, p. 435.

이 기준에 따르면 대기 중의 물은 자연적으로 산성으로 간주된다. 대기 중의 기체의 현재 농도에서 이산화탄소 농도와 평형을 이루는 물은 약 5.6의 pH를 가지며, 일반적으로 내리는 빗물의 pH는 3.8 미만에서부터 6.3 이상에 이르는 다양한 범위에서 나타난다. '산성비'란 용어는 일반적으로 화석연료의 연소와 광석의 제련을 포함하는 여러 형태의 산업 활동 과정에서 아황산가스, 이산화질소 같은 산성 선구물질(precursor)을 심하게 배출하는 환경과 관련이 있다. 북미의 동부와 북유럽의 산업 지대에 내리는 비는 보통 4.0 미만으로 나타난다[3].

이 장에서는 산성침적의 역사적인 양상, 산도의 원인, 산성비의 관측, 산성침적의 효과, 산성침적에 대한 최근 규제 조절에 관해서 알아보고자 한다.

## 1. 산성침적의 역사적인 양상

산성침적은 기체상 또는 수성상 황산, 질산 또는 염산이 방출되거나 대기 중에 형성되어 이루어진다. 인공적으로 만들어지는 대기 산의 최초이자 최대 생성원은 석탄이다. 석탄은 연소되는 과정에서 아황산가스와 염산가스를 배출하고, 아황산가스가 기체상・수성상 황산을 만들어낸다. 인간은 수천 년 동안 석탄을 연소하였다. 1200년대, 역청탄이 런던에 도입되어 석회로와 대장간에서 사용되었다. 이것은 후에 유리와 벽돌을 만드는 용광로에서, 맥주와 에일을 만드는 양조장에서, 열을 제공하는 가정에서 연소되

3) Jacobson, Mark Z., 2002 : *Atmospheric Pollution–History, Science, and Regulation.* Cambridge University Press, p. 254.

었다. 18세기에 시작된 산업혁명 기간 동안, 석탄은 증기기관을 위한 에너지를 제공하는 데 사용되었다.

산성비는 새로운 현상이 아니다. 공기나 빗물에 질소와 황을 포함하는 산성 물질의 존재는 1692년 아일랜드의 화학자인 로버트 보일(Robert Boyle, 1627~1691)이 쓴 『공기의 일반적인 역사 *A General History of the Air*』라는 책 속에 이미 나타나 있다[4]. 18세기 후반, 대기 중에 산(acid)의 두 번째 주요 생성원이 나타났다. 1780년 무렵 비누, 합성세제, 세척제, 유리, 종이, 표백제, 염료의 생산에 사용되는 탄산나트륨에 대한 요구가 증가함에 따라, 기존의 지중해 부근에서 자라는 수송나물과 바다 켈프로부터 추출하는 것만이 아닌, 더 유용한 방법이 필요하게 되었다.

**그림 3-1** 프랑스 외과의사 겸 화학자인 니콜라 르블랑의 동상. 르블랑은 1790년 탄산나트륨을 제조하는 르블랑법을 개발하였다.
(출처 : Jacobson, 2002)

1781년, 프랑스 과학 아카데미는 소다회를 가장 유용하고 경제적으로 사용하는 방법을 개발하는 사람에게 상을 주겠다고 제안하였다. 비록 프랑스 혁명이 발발하면서 이 상은 수여되지 못하였지만, 니콜라 르블랑(Nicolas Leblanc, 1742~1806; 그림 3-1)은 이 경쟁에 고무되어 1784년 새로운 탄산나트륨 추출 과정을 찾기 위한 실험을 시작하였다. 1789년 그는 소다회를 만드는 2단계 반응 세트를 만들었다. 1단계에는 황산나트륨(Glauber's salt)과 염산을 용해시키기 위해, 일반 소금을 철제 프라이팬에 넣고 높은 온도로 가열하여 황산 용액을 만들었다. 2단계에는 탄산나트륨을 만들기

4) McElroy, Michael, 2002 : *The Atmospheric Environment-Effects of Human Activity*. Princeton University Press, p. 263.

위해 황산나트륨과에 숯과 초크를 함께 가마에 넣고 가열하였다. 완전한 반응이 이루어지자, 아황산칼슘과 이산화탄소가 두 번째 반응의 부산물로 도출되었다. 아황산칼슘은 노란색에서 밝은 회색을 띠는 악취가 나는 분말이다. 실제로 위의 반응식은 불완전하여 기체상 황산과 매연을 만들게 된다. 탄산나트륨 찌꺼기는 물을 첨가함으로써 탄산나트륨을 잘 용해시키는 아황산칼슘으로부터 분리되었다. 최종 용액을 건조시키면 탄산나트륨 결정이 만들어진다. 그런 다음 탄산나트륨에 동물 지방을 결합시키면 비누를 만들 수 있다.

탄산나트륨을 만드는 데 필요한 재료는 황산 수용액이다. 이것은 황산 분말과 초석을 함께 태우면 얻을 수 있다. 그런 다음, 물에 용해시키면 황산가스가 만들어진다. 1585년 독일의 화학자인 안드레아스 리바비우스(Andreas Libavius, ca. 1560~1616)가 이러한 과정을 개발하였으나, 황산가스와 일산화질소가스를 대량으로 방출하기에는 역부족이었다.

요약하면, 일반 소금과 황산으로부터 탄산나트륨을 생산함으로써 자연산 탄산나트륨의 수입 의존에서는 벗어날 수 있었지만, 이에 따라 염소가스, 아황산가스, 질산가스, 매연이 방출되어 프랑스와 영국에서 광범위한 산성 침적과 대기오염이 일어났다. 또한 르블랑 과정은 아황산칼슘을 포함한 불순한 고체인 '알칼리 쓰레기(alkali waste)'를 다량으로 생산했다. 이 쓰레기들은 각 공장 근처에 쌓아올려졌다. 빗물이 이 쓰레기 더미 위에 떨어질 때마다 아황산칼슘 일부가 황화수소 수용액을 만들었고, 이들이 증발하면서 인체에 유해하고 악취가 나는 무색의 가스를 방출하였다. 아황산칼슘의 나머지 많은 부분은 시간이 지남에 따라 산화되어 황산칼슘을 형성하였다. 소다회 공장에 있는 석고 더미들은 오늘날에도 여전히 볼 수 있다.

르블랑은 소다회 기술에 대한 특허를 취득하여 1791년 소다회 공장을 열었지만, 1793년 특허권과 공장을 정부에게 빼앗겼다. 이를 비관한 그는 1806년 자살하였다.

1863년, 176만여 톤의 원재료가 태워져 28만 톤의 유용한 소다회 생산물을 만들었다. 나머지 148만 톤을 대부분 염산가스 또는 다른 가스들, 고형 쓰레기로 방출되었다[5]. 이 때문에 알칼리 산업에 의한 환경 피해가 심각해졌다. 염산가스와 다른 오염물질들은 프랑스와 영국의 농촌과 도시 위로 비가 되어 떨어져 재산과 건강 피해를 초래하였다. 영국의 세인트헬렌스[6], 뉴캐슬[7], 글래스고[8] 지방에서는 많은 사망자가 발생하였다[9].

이러한 알칼리 공장에 대항한 초기의 고소 사건은 민사 소송의 형태로 이루어졌다. 예를 들면, 1838년 리버풀 지주들은 한 알칼리 공장에 대항하여 고소를 제기하였다. 이 공장이 그들의 농작물을 파괴하고 사냥을 방해하였기 때문이었다. 이러한 노력의 결과로 마침내 프랑스와 영국은 알칼리 제조 공장에서 발생하는 염산가스를 규제하도록 조처하였다. 프랑스에서의 규제는 알칼리 공장의 위치를 조정하는 법률을 계획하는 형태로 이루어졌다. 영국에서는, 1863년 알칼리 법령(Alkali Act)을 제정하여 알칼리 공장이 염산가스 배출량을 95 % 감소하도록 하였다. 또한 산업체를 감시하는 알칼리 조사관(alkali inspector)을 임명하도록 하였다.

1860년 초반 영국의 비누 제조업자인 윌리엄 고세이지(William Gossage, 1799~1877)가 굴뚝으로부터 방출되기 전에 배기가스(waste gas)에서 염산가스

---

5) Brock, W. H., 1992 : *The Norton History of Chemistry.* W. W. Norton & Company, Inc., New York.

6) 잉글랜드 서북부, 랭커셔 주 서남부 리버풀 부근의 도시.

7) 잉글랜드 동북부의 항구 도시.

8) 스코틀랜드 서남부의 항구 도시.

9) Brimblecombe, P., 1987 : *The Big Smoke.* Methuen, London.

를 씻어내는 기술을 발명하면서 이 법령은 강하게 추진되었다. 고세이지는 1830년 우스터셔(Worcestershire) 주[10]에 자신의 소다회 공장을 지었다. 그는 자신의 공장으로부터 배출되는 염산가스에 대한 이웃 주민들의 고소에 시달려 오던 중, 이 문제를 해결하기 위한 연구를 수행하였다. 그가 생각해낸 해결책은 풍차를 탑으로 바꾸고 작은 나뭇가지를 탑에 채워, 연기가 아래쪽으로부터 올라올 때 탑의 꼭대기에서 아래쪽으로 물을 뿌리는 것이었다. 물은 대부분의 염산가스를 용해한 뒤 근처의 수로를 통해 배수되었다. 이 기술은 간단하고 저렴한 데다 사용 결과가 그리 심각하지 않았기 때문에, 고세이지의 발명 직후 영국은 1863년 알칼리 법령을 통과시켰다. 뒤따라 1866년 잉글랜드의 기술 화학자인 월터 웰든(Walter Weldon, 1832~1885)과 1868년 휴 디컨(Hugh Deacon)도 염산가스를 표백 분말로 사용할 수 있는 염소로 변환시키는 과정들을 개발하였다. 이러한 발명들은 염소를 재순환될 수 있도록 하였다.

염산가스를 감소시키는 알칼리 법령의 성공에도 불구하고, 알칼리 산업은 많은 양의 황산, 질산, 매연, 다른 오염물질들을 계속하여 방출하였다. 알칼리 법령은 소다회를 생산하는 공장 이외의 공장들에서 방출되는 오염물질에 대해서는 조절하지 못했기 때문에, 영국에서의 오염 문제는 최악으로 치달았다. 비록 알칼리 법령이 1881년에 개정되면서 화학 산업의 다른 분야들도 규제하도록 했지만, 공장이 더 많이 세워지고 오염물질도 대용량으로 방출되자 새로운 법률은 별 효과를 거두지 못하였다. 1899년 한 기고가는 세인트헬렌스의 상황을 아래와 같이 기술하였다.

10) 잉글랜드 남서부의 옛 주 이름.

더럽고 추한 마을. 하늘에는 기름이 밴 연기가 지붕 아래에 걸려 있었다. 대기권은 철도 터널, 병원 병실, 가스 작업장, 뚜껑을 덮지 않은 하수구의 혼합이었다. 이 지방의 특색은 굴뚝, 용광로, 증기 제트, 연기 구름, 석탄 탄광이다[11].

영국 최초의 알칼리 법령 감시자는 스코틀랜드 화학자인 로버트 스미스(Robert Angus Smith, 1817~1884)였다[12]. 그는 산업체가 염산가스 배출을 95 % 감소시키도록 위탁받고 있었다. 스미스는 또한 야외 실험주의자 이기도 했다. 1872년, 그는 『공기와 비 : 화학 기후학의 시작 *Air and Rain : The Beginning of a Chemical Climatology*』를 편찬하였다. 여기서 그는 영국 내 대기오염에 대한 최초의 감시 결과를 논의하였다. 분석의 일부분으로서 그는 산소분자와 이산화탄소의 기체상 혼합비를 기록하였고, 영국제도의 빗물에서 염화물, 황산염, 질산염, 암모늄의 성분을 측정하였다. 그의 책에서 스미스는 석탄연소 설비 부근 비의 높은 황산염 농도를 설명하기 위해서 '산성비(acid rain)'란 용어를 도입하였다[13].

르블랑의 소다회 공정은 1880년대까지 알칼리 산업의 주종을 이루었다. 1861년, 벨기에 화학자인 에른스트 솔베이(Ernst Solvay, 1838~1922)는 소다회를 생산할 수 있는 보다 유용한 공정을 개발하였다. 이산화탄소가 올라오는 탑에서 아래쪽으로 염화나트륨과 암모니아 가스로부터 만들어진 소금을 뿌려 소다회를 생산하는 것이었다. 이 기술은 황산 또는 질산칼륨을 필요로 하지는 않지만, 탑을 만드는 데 경비가 많이 소요되며 최종 염화물이 쉽게

11) Blatchford, R., 1899 : *Dismal England*, p. 15.

12) Wellburn, Alan, 1988 : *Air Pollution and Acid Rain* : The Biological Impact. Longman Scientific & Technical, p. 100.

13) http://en.wikipedia.org/wiki/Robert_Angus_Smith

재사용되지 못하는 형태로 결합되는 것이 단점이었다. 그러나 1880년대에 이르러 솔베이법(Solvay process)은 그 경제적 효율성과 대중성이 인정되면서 르블랑법을 대체하였다.

산성침적 문제는 20세기 동안 영국 주요 도시와 석탄과 화학물질 연소가 발생하는 다른 나라의 도시에서 이어졌다. 런던 최악의 오염 사건은 연기 속에 포함하는 산 화합물에 의한 것이었다.

1950년과 1960년대 초에는 산성비에 대한 현대적인 관심이 높아졌다. 캐나다와 잉글랜드에서 활동하던 캐나다의 생태학자 에빌 고르엄(Eville Gorham, 1925~ )은 산성 혼합물의 산업 배출, 강수의 산도, 민감한 토양과 수생 시스템 사이의 임계 관계를 확립하였다.

스웨덴의 토양과학자 겸 화학자인 스반테 오덴(Svante Odén, 1924~1986)은 1961년 스칸디나비아 반도의 호수와 강의 화학 변화를 모니터하기 위해 관측소 망을 구축하였다[14]. 그는 스칸디나비아 반도의 강수와 이 강수를 받는 수생 시스템의 산도가 점차 더 강해지고 있음을 확인하였다. 산업지대로부터 기원한 오염된 기단이 남쪽(특히 영국, 독일, 폴란드)으로 이동하면서 황 혼합물의 농도가 증가하는 것이 관측된 농도 변화와 일치한다고 보고하였다. 그리고 오덴은 남부 스칸디나비아 반도에 떨어지는 산성비가 삼림의 성장을 감퇴시키고, 토양으로부터 추출한 독성 물질을 호수나 강으로 내보내 고기 집단을 폭발적으로 감퇴시킬 것이라고 추측하였다.

오덴의 연구는 유럽의 대기오염물질 장거리 수송 문제가 국제적으로 관심을 받고 전략적으로 조정되어야 할 필요성을 알리는 적절한 길잡이로도 큰 영향을 미쳤다.

---

14) http://www.enotes.com/earth-science/oden-svante-n-f

## 2. 산도의 원인

수소이온 농도(pH)는 다음과 같이 정의된다.

$$pH = -\log_{10}[H^+] \tag{3.1}$$

여기서 $[H^+]$는 용매를 함유하고 있는 용액 내의 $H^+$의 몰 농도(moles per liter)이다. 그림 3-2와 같이 pH 눈금은 0(강산성)에서 14(강알칼리성)까지 변동한다. 증류된 물의 pH인 중성의 pH는 7.0이며 $H^+$의 몰 농도는 $10^{-7}$ mol $L^{-1}$이다. pH가 4라는 것은 $H^+$의 몰 농도가 $10^{-4}$ mol $L^{-1}$임을 의미한다. 따라서 pH 4의 물은 pH 7의 물보다 산도가 1,000배 높게 된다[15].

$H^+$의 몰 농도는 아래와 같이 평형 관계에 의해 $OH^-$의 몰 농도와 관계를 이룬다.

$$H_2O(aq) \leftrightarrow H^+ + OH^- \tag{3.2}$$

이 관계식에서 평형 상수는 약 $10^{-14}$ $mol^2$ $L^{-2}$이므로, $H^+$와 $OH^-$가 평형을 이루는 물인 경우 $[H^+]$와 $[OH^-]$의 곱은 항상 $10^{-14}$ $mol^2$ $L^{-2}$가 된다.

---

15) Hill, Marquita K., 1997 : *Understanding Environmental Pollution.* Cambridge University, p. 104.

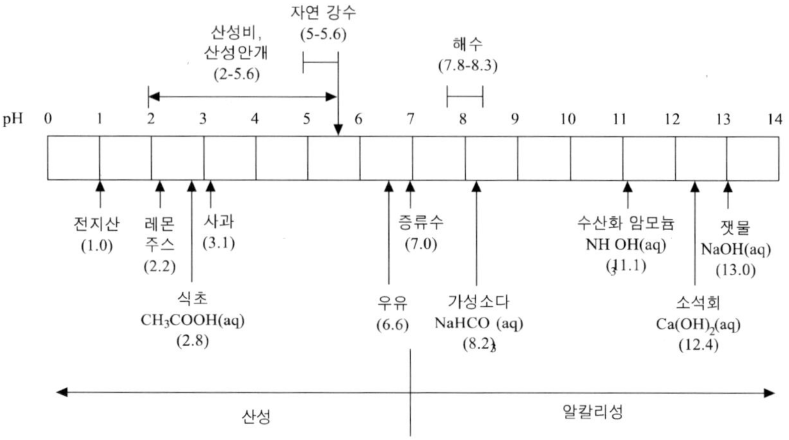


**그림 3-2** pH 눈금과 선택된 용액들의 pH의 수준을 나타내는 도표.(출처 : Jacobson, 2002)

## 1) 산도를 만드는 물질

### (1) 탄산

물은 여러 가지 방법으로 산성화될 수 있다. 기체상 이산화탄소가 물에 용해되면, 이들은 물 분자와 빠르게 반응하여 약산성인 탄산 수용액을 형성한다. 증류수의 pH(7)에서 최초의 해리는 중탄산염 이온으로 발생한다. $H^+$가 첨가되면 용액의 pH가 감소되어 산도가 증가하게 된다. 배경 공기에서 이산화탄소의 혼합비는 약 370 ppmv이다. 이 이산화탄소의 일부는 항상 빗물에 용해된다. 따라서 지구상에서 가장 청정한 곳이라도 빗물에는 배경 탄산이 존재하기 때문에 자연적으로 산성을 띠게 된다. 빗물의 pH는 약 5.6로 오직 탄산에 의해서만 영향을 받는다. 이 값은 수소 이온 몰 농도가 증류수의 몰 농도의 25배라는 것을 지적하는 것이다.

(2) 황산

기체상 황산이 빗방울 표면에 응결되면 강산성인 황산 수용액이 만들어진다. pH 수준이 +2보다 더 큰 경우, 용액에 2개의 양성자가 첨가되면 황산염 이온으로의 완전한 해리가 일어나기 쉽다. $[H^+]$가 증가되면 pH가 훨씬 낮아져 빗물의 산도가 높아진다. 이산화황은 또한 빗물 내에서 용해될 수 있으며 물을 산성화시킴으로서 황산염과 수소 이온도 만들 수 있다.

(3) 질산

기체상 질산이 빗방울 내에서 용해되면, 강산성인 질산 수용액이 형성된다. 황산과 마찬가지로 질산도 빗물의 pH를 오직 탄산에 의해 영향을 받는 빗물의 pH 이하로 감소시킨다.

(4) 염산

기체상 염산이 빗방울 내에서 용해되면 강산성인 염산 수용액이 형성된다. 염산은 또한 빗물의 pH를 오직 탄산에 의해 영향을 받는 빗물의 pH 이하로 감소시킨다.

### 2) 산의 자연 및 인공 생성원

황산, 질산, 염산에 의한 빗물의 산도 증가 중 일부는 자연적이다. 예를 들면, 화산이 폭발하면 황산의 생성원인 아황산가스와 염산가스가 방출된다. 해양상의 식물 플랑크톤은 아황산가스를 산화시키는 황화메틸을 방출한다. 질산의 주 자연 생성원은 자연에서 발생하는 이산화질소의 기체상

산화이다. 탄산을 함유하고 있는 빗물에 자연적인 산이 첨가되면 빗물의 수소이온 농도는 그림 3-2에서 볼 수 있는 바와 같이 5.0에서 5.6 사이가 된다.

산성침적은 인공적으로 만들어진 산들이 지면, 식물, 호수에 건성 또는 습성 형태로 침적될 때 발생한다. 비록 탄산이 어떤 지역에서는 중요할 수 있지만, 오늘날 인공적으로 만들어지는 2가지 중요한 산은 황산과 질산이다. 미국 동부 지역에서 빗물이 과도한 산도를 띠는 이유의 약 60~70 %는 황산 때문이고, 30~40 %는 질산에 의한 것이다[16]. 따라서 황산은 관심을 끄는 유력한 산이다. 미국 캘리포니아 주 로스앤젤레스처럼 안개가 끼는 오염 도시에서는 질산 안개가 문제가 된다. 목재 연소 또는 산업 공정이 이루어지는 장소 부근 같이 염산가스가 인공적으로 방출되는 곳에서는 염산 수용액이 빗물의 산도에 영향을 미친다. 그러나 오늘날 염산가스가 빗물의 총 산도에 기여하는 정도는 5 % 미만이다. 빗물에 일시적으로 중요한 다른 산에는 포름알데히드로부터 만들어지는 포름산과 아세트알데히드로부터 만들어지는 아세트산이 있다.

황산은 아황산가스에서, 질산은 기체상 질소산화물에서 기원한다. 미국의 경우, 아황산가스의 70 %, 질소산화물의 85 % 이상이 인공 생성원으로부터 배출된다. 따라서 미국에서 내리는 비의 과도한 산성화 현상은 자연산보다는 주로 인공적인 산 때문에 발생한다.

---

16) Glass, N. R., G. E. Glass, and P. J. Rennie, 1979 : Effects of acid precipitation. *Environ. Sci. Technol.*, 13, 1350-1355.

### 3) 빗물과 안개수의 산도

자연 상태에서 pH가 5.6 미만의 산도를 가진 빗물을 산성비라 한다. 전형적인 값은 pH4 부근이며 때로 2 미만의 극한값도 관측되기도 하지만, 대체로 산성비의 pH는 2에서 5.6까지 변동한다[17]. pH 4는 $H^+$ 몰 농도로 보면 증류수의 1,000배이며 자연 빗물의 40배이다. pH 2는 $H^+$ 몰 농도로 보면 증류수의 100,000배이고 자연 빗물의 4,000 배이다. 안개가 자주 끼고 질산 혼합비가 높은 로스앤젤레스인 경우, 안개수의 pH는 전형적으로 2.2~4.0이지만[18], 1.7 미만의 기록은 거의 없는 실정이다[19]. 이러한 연구에서 질산염 이온 몰 농도는 황산염 이온의 몰 농도보다 2.5배였다. 산성화된 안개를 '산성안개'라 한다.

## 3. 산성비의 관측

세계기상기구의 대기오염 모니터 프로그램에서 정의된 전 세계 빗물의 pH 분포를 그림 3-3에 제시하였다[20]. 이 그림은 1970년대 동안 북반구상에

---

17) Linkens, G. E., 1976 : Acid precipitation. *Chem. Eng. News*, 54, 29-44.
Marsh, A. R. W., 1978 : Sulphur and nitrogen contributions to the acidity of rain. *Atmos. Environ.*, 12, 401-406.

18) Waldman, J. M., J. W. Munger, D. J. Jacob, R. C. Flagan, J. J. Morgan, and M. R. Hoffmann, 1982 : Chemical composition of acid fog. *Science*, 218, 677-680.

19) Jacob, D. J., 1985 : Comment on "The Photochemistry of a remote stratiform cloud." by W. L. Chameides. J. *Geophys. Res. Lett.*, 26, 22,175-22,178.

20) Seinfeld, J. H. and S. N. Pandis, 1997 : *Atmospheric Chemistry and Physics.* New York, John Wiley & Sons, Inc.

내린 빗물의 산도를 나타낸 것이다. 아시아 북부 지방과 미국 서부 지방의 산도는 pH 5에서 6.0까지 나타나고 있다. 그러나 미국의 동부 지방 및 유럽, 동북아시아 지방에서는 pH 4.5 미만으로 나타나고 있다.

미국에서 내리는 강수 내의 $SO_4^{2-}$, $NO_3^-$, $NH_4^+$에 대한 평균 pH와 평균 농도를 그림 3-4에 제시하였다[21]. 이에 상응하는 유럽의 자료들은 그림 3-5에 나타내었다[22]. 그림 3-4에 제시된 $SO_4^{2-}$, $NO_3^-$, $NH_4^+$의 농도는 $\mu$ equivalent $L^{-1}$의 단위로 표시되어 있다. 그림 3-5에 제시된 $SO_4^{2-}$의 농도는 mg S $L^{-1}$의 단위로, $NO_3^-$와 $NH_4^+$의 농도는 mg N $L^{-1}$의 단위로 주어져 있다.

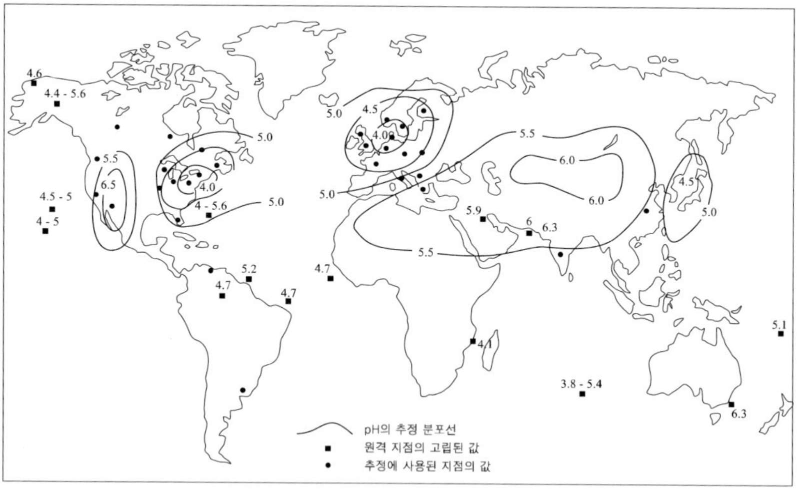


**그림 3-3** 전 세계 빗물의 pH 분포.(출처 : Seinfeld and Pandis, 1997)

21) Jacob, D. J., 1999 : *Introduction to Atmospheric Chemistry*. Princeton, University Press.

22) Sisterson, D. L. 1990 : *NAPAD State of the Science Report 6*. Washington D. C.

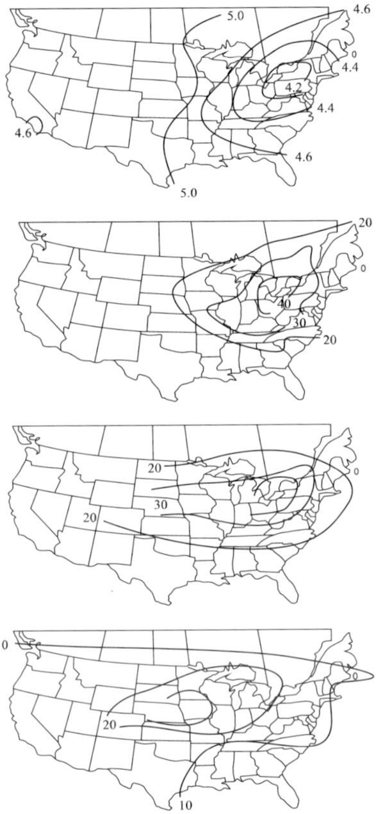

**그림 3-4** 1970년대 북미 지역의 강수에서 측정된 $SO_4^{2-}$, $NO_3^-$, $NH_4^+$($\mu eq L^{-1}$)에 대한 평균 pH와 평균 농도.(출처 : Jacob, 1999)

미국 내에서 $SO_4^{2-}$ 농도의 최대값에 나타나는 지역은 산업 지역 중심부(오하이오 리버 벨리 지역)이다. 반면 $NO_3^-$ 농도의 최대값이 나타나는 지역은 $SO_4^{2-}$ 농도가 최대로 나타나는 지역보다 북동쪽으로 약간 편향되어 나타난다. 이는 $HNO_3$에 대한 생존 기간이 $SO_2$보다 더 길다는 예상을 반영한 것이다. pH의 최저값은 $SO_4^{2-}$와 $NO_3^-$ 농도가 높은 지역과 관련되어 나타난다. $NH_4$의 농도가 최대로 나타나는 지역은 중서부로, 이 지역은 농업이 크게 이루어지는 곳이고 가축, 특히 소가 많이 방목되는 곳이기 때문이다.

산성비 현상은 아황산가스와 일산화질소 같은 산업 부산물을 다량으로 배출하는 지역에만 국한되지 않는다. pH가 5.0 미만의 값으로 관측되는 지역은 남인도양의 암스테르담 아일랜드, 알래스카의 포커 플래트, 오스트레일리아의 캐처린, 버뮤다의 세인트 조지 등 그 환경이 다양하다.

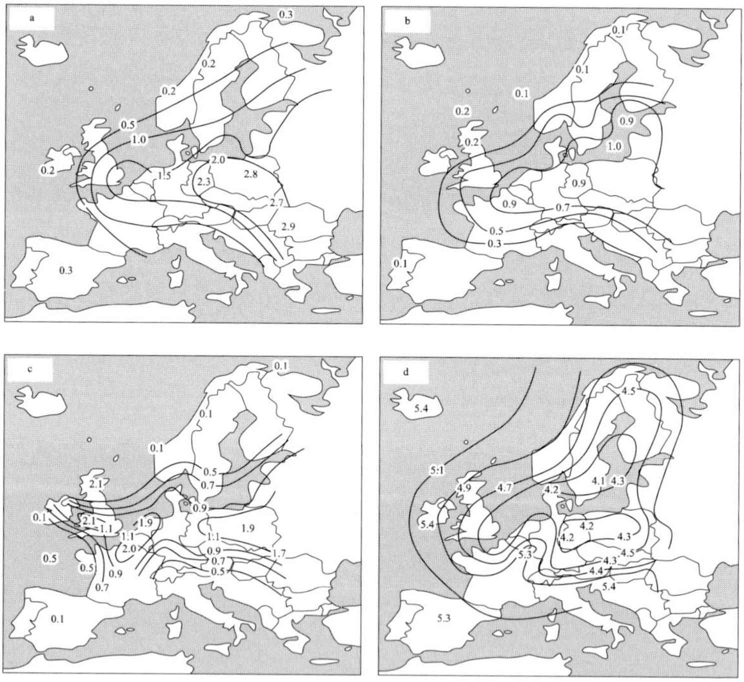


**그림 3-5** 1985년 유럽 상공에 내린 강수에 대한 (a) $SO_4^{2-}$(mg S $L^{-1}$), (b) $NO_3^-$(mg N $L^{-1}$) (c) $NH_4^+$(mg N $L^{-1}$)에 대한 평균 농도와 (d) 평균 pH를 나타낸다.(출처 : McElory, 2002)

빗물 속의 화학 성분을 측정해 보면 이런 지역에서 관측되는 산도는 이상하게도 지역의 배출원을 초과하여 나타난다. 3가지 환경 모두의 강수에서 높은 황산염의 농도가 측정되는 것이다. 이러한 황산염의 일부분은 해염으로부터 나온 것이다. 해염이 빗물 속의 S의 함양에 기여한 정도는 해염이 주요 생성원인 지역의 강수에 존재하는 여러 원소들의 양을 측정함으로써 추정할 수 있다. 황산염의 초과와 같은 부수적인 황은 해양 유기체에 의해서 배출되는 종들을 화학적으로 산화해 감소시킨다. 특히 중요한 것은 식물 플랑크톤에서 만들어지는 디메틸황화물(DNS)이다. 해양 식물 플랑크톤과 연관되는 S의 전 세계 생성량은 약 35 Mt S $y_r^{-1}$이다. 이러한 유기체로부터 유도되는 황은 해상의 주요 응결핵의 생성원으로 제공된다. 응결핵이 증가함에 따라 그 영향으로 해상의 구름양도 증가되므로, 1987년 찰슨 등은 식물 플랑크톤이 기후에 중대한 영향을 미칠 것으로 예상하였다[23]. 그들은 식물 플랑크톤과 기후 사이의 상호작용을 제의하였다.

## 4. 산성침적의 효과

20세기 동안 가장 심각한 오염 사건은 아마도 런던 사건일 것이다. 이 사건에서 두터운 안개와 조합된 석탄연소는 4,000명 이상의 사상자를 발생시켰다. 다른 오염물질들도 관여하였지만, 산성 안개가 재앙의 주범이었다.

산성침적은 호수, 강, 농업, 빌딩 재질에 영향을 미친다. 산성침적에 영향을 받는 지역에는 캐나다 동부 지방, 미국 북동부(특히 애디론댁 산맥 지역), 스칸디나비아 남부 지방, 유럽 중부 및 동부 지방, 인디아, 한국, 러시아, 중국, 일본, 태국이 포함된다. 남아프리카에서도 삼림, 농작물,

---

23) Charlson, R. J., J. E. Lovelock, M. O. Andreae, and S. G. Warren, 1987 : Oceanic Phytoplankton, Atmospheric Sulphur, Cloud Albedo, and Climate. *Nature*, 326, 655-661.

지표수의 산성화 현상이 보고되고 있다[24].

### 1) 호수와 개울에 대한 효과

산은 호수와 개울의 pH 수준을 감소시킨다. 물고기와 미생물은 특정한 pH 범위 내에서만 생존하기 때문에, 호수 내의 pH가 변화하면 다양한 물고기 종, 무척추동물, 미생물들이 멸종된다. 대부분의 수성 곤충, 조류, 플랑크톤은 pH 수준이 5 이상인 경우에만 생존할 수 있다. pH가 5 미만으로 낮아지면, 낮은 단계의 먹이 사슬이 소멸하게 되므로 높은 단계의 먹이 사슬은 기아로 인하여 멸종하게 된다. 호수 내의 pH가 5.5 미만으로 낮은 수준인 경우, 물고기와 양서류들은 생식이 일어나지 않고 돌연변이를 일으킨다.

호수의 산성화는 특히 스칸디나비아 반도 여러 나라에서 큰 문제가 되고 있다. 대부분의 피해는 1950년대와 1960년대에 발생하였는데, 이 시기 스웨덴 호수의 평균 pH는 1 pH 단위까지 떨어졌다. 1970년대 말 무렵 스웨덴의 90,000개 호수 중 약 25,000개 호수가 매우 산성화되어 산에 강한 식물과 동물만이 살아남았다. 산성화된 호수 중 약 8,000개는 자연적으로, 17,000개는 인공적으로 산성화된 것으로 알려져 있다. 오늘날에는 스웨덴과 다른 나라의 많은 호수들이 복원되고 있다.

호수에 대한 산성비의 효과는 눈이 처음으로 녹는 계절 이후에 가장 뚜렷하게 나타났다. 산(acid)들이 눈 속에 축적되기 때문에, 눈이 녹으면서 호수로 많은 양의 산이 유출되는 것이다. 어떤 경우는 눈의 용융수 산도가 원래 비의 산도보다 10배로 높게 나타나기도 했다.

---

24) Stockholm Environment Institute (SEI), 1998 : Regional Air Pollution in Africa. http://www.sei.se

## 2) 바이오매스에 대한 효과

산은 식물의 잎과 뿌리에 피해를 준다. 황산이 활엽수 잎 또는 침엽수 잎 위에 침적될 때, 이것은 낮은 pH을 가진 액체 막을 형성한다. 이에 따라 상피 조직이 부식되어 잎이 마르는 손상을 입는다. 산 기체, 에어로졸 입자 또는 빗물이 삼림 지대의 지하수로 유입되면, 그들은 2가지 방법으로 식물 뿌리에 피해를 준다. 첫째, 황산과 질산 용액들이 칼슘, 마그네슘, 칼슘, 나트륨을 포함하는 중요한 광물질 영양분들을 분해시키고 빠져나오도록 한다. 둘째, 산성 용액에서 수소 이온 [$H^+$]는 각각 $Al^{3+}$와 $Fe^{3+}$를 방출하는 수산화알루미늄과 수산화철 같은 알루미늄과 철을 함유한 광물들과 반응한다. 이들 금속 이온들은 농도가 너무 높아지면 뿌리 시스템에 유독하게 작용한다[25).

산성침적의 결과로, 삼림이 죽어가고 있다. 폴란드와 체코에서는 나무의 60~80 %가 최근에 말라죽었다[26). 삼림 피해는 또한 유럽 중부, 미국, 캐나다, 중국, 일본 등 다른 여러 나라에서도 뚜렷하게 나타난다. 산성침적은 삼림을 파괴하는 것과 같은 방법으로 농작물을 파괴한다.

그러나 삼림과 농작물에 대한 피해가 모두 산성침적의 결과인 것은 아니다. 오존 또한 잎과 반응하여 식물과 나무의 스트레스를 증가시키고 병, 기생충 따위의 침범, 죽음에 더 영향을 받도록 한다. 매연은 잎의 성장을 저지하여 식물과 나무에 스트레스를 증가시킨다. PNA는 식물과 나무의 잎을 퇴색시킨다.

---

25) Tomlinson, G. G. II, 1983 : Air pollutants and forest decline. Environ. *Sci. Technol*. 17, 246-156.

26) Stockholm Environemnt Institute (SEI), 1998 : Regional Air Pollution in Africa, http://www.sei.se

### 3) 빌딩과 조각물에 대한 효과

산성침적은 물질을 침식한다. 특히 산은 사암, 석회암, 대리암, 구리, 청동, 황동 등을 부식시킨다. 그리스의 판테온 신전과 같은 역사적으로나 고고학적으로 중요한 건축물과 조각물들이 산성침적과 대기오염으로 파괴되고 있다. 예를 들면, 오존은 상세한 모습이 희미해지게 한다. 그림 3-6은 산성비와 대기오염 모두에 의한 조각물 부식의 한 예이다.

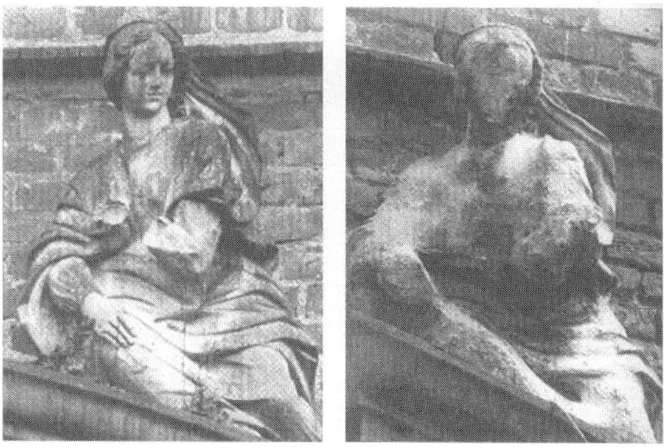

**그림 3-6** 1702년 제작된 독일 웨스트팔리아(Westphalia) 성곽 정문 위에 있는 사암 인물상. 왼쪽은 1908년에 촬영된 사진이고 오른쪽은 1968년에 촬영된 사진이다. 인물상의 부식은 산성침적과 독일 루르 지역의 산업화에 따른 대기오염이 원인이 되었다. (출처 : Jacobson, 2002)

## 5. 산성침적에 대한 최근의 규제 조절

산성침적을 조절하려 한 최초의 노력은 1863년 제정된 영국의 알칼리 법령이다. 이 법령은 소다회 공장에서의 염산가스 배출을 크게 저감시켰다. 1970년에 제정된 미국 청정 공기 법령 수정안은 산성침적 선구물질인 아황산가스와 이산화질소가스의 배출을 낮추도록 하였다. 1977년 미국은 국가 대기 침적 프로그램(the National Atmospheric Deposition Program; NADP)을 시행하였는데, 그 주요 비망록은 강수의 산도 경향 감시였다. 1980년 미국 상원은 산성 강수 법령(Acid Precipitation Act)을 통과시켜 국가 산성 강수 평가 프로그램(the National Acid Precipitation Assessment Program; NAPAP)을 구축하였다. 이 프로그램 하에서 NADP 소속 측정소의 관측망을 확대하여 국립 경향 네트워크를 설치하였다. NAPAP는 측정소에서 관측된 경향을 보고하였다.

1990년 미국 청정 공기 법령 수정안은 2010년까지 1980년 수준으로부터 아황산가스 1,000만 톤과 질소산화물 200만 톤을 저감하도록 하였다. 이를 실현하기 위해, 미국 환경보호청은 배출 거래 시스템을 구축하여 아황산가스를 방출하는 당사자들끼리 한정된 범위 내에서 거래할 수 있도록 하였다. 화력 발전소 또한 배출 감시 시스템을 자체적으로 구축하도록 하였다. 2000년 1월 미국 환경보호청은 2006년까지 가솔린에 첨가하는 황의 양을 1/10까지 낮추도록 하는 새로운 규칙을 공포하였다.

동시에 1970년 여러 연구를 토대로 바람이 국경을 넘어 먼 거리상까지 산성침적 선구물질들을 수송한다고 결론지었다. 그에 따라 1979년 장거리 월경하는 대기오염에 관한 제네바 회의(Geneva Convention on Long-Range Transboundary Air Pollution)가 개최되었다. 34개국의 정부와 유럽 연합 국가가 서명한 이 회의는 국제 대기오염 문제를 다룬 첫 번째 협약이었다. 1985년 이 협약의 부분 개정안(the Sulfur Protocol)에 따르면, 회원국들은 1993년까지 1980년의 30 % 아래로 황의 배출 또는 황의 월경 플럭스를 저감하도록 요구하였다. 1988년의 또 다른 개정안(the Nitrogen Oxide Protocol)은 1994년 12월까지 일산화질소의 배출 또는 월경 플럭스를 1987년 수준으로 저감하도록 요구하였다. 첫 번째 황 의정서가 유럽 중부 지방의 삼림 손실에 대해 충분히 언급하지 못했기 때문에, 1994년 두 번째 의정서가 체결되어 2010년까지 황 배출을 1980년 수준 이하인 60 %까지 저감하도록 하였다.

### 1) 배출을 조절하는 방법

산성침적을 일으키는 선구물질의 배출을 조절하는 데는 여러 가지 유용한 메커니즘이 존재한다. 여기에는 고유황 석탄 대신 저유황 석탄을 사용하거나 배출 조절 장치를 사용할 것에 대한 권고가 포함된다. 석탄이 연소되는 동안 배출되는 아황산가스의 양은 석탄의 황 함유량에 따라 결정된다. 미국의 경우, 석탄의 39 %는 애팔래치아 산맥에서, 나머지는 미시시피 강 서쪽에서 채굴된다. 특히 와이오밍 주는 미국 전체 석탄 채굴량의 31 %를 차지하며 이는 미국의 주 가운데 가장 큰 비중을 차지하는 수치이다[27].

애팔래치아 산맥에서 채굴되는 석탄은 황을 많이 함유하고 있다. 미국 중서부와 동부 지방의 화력 발전소에서 사용되는 석탄 대부분은 애팔래치아 산맥에서 채굴된 것이다. 수송 비용이 싸기 때문이다. 마찬가지로 석탄연소기는 고유황 석탄을 사용하는 것이 더 효율적이다. 아황산가스 배출을 저감하기 위한 CAAA90 필요조건의 결과로서, 미국 서부 지역의 석탄 의존도는 증가하게 될 것이다.

저유황 석탄을 사용하는 것이 석탄이 연소되는 동안 아황산가스 배출을 저감하는 하나의 방법이 될 수 있다. 다른 하나는 석탄을 태우기 전에 고유황 석탄으로부터 황을 일정량 제거하는 것이다. 굴뚝으로부터 아황산가스 배출을 저감시키는 유용한 기술은 집진기인데, 염산가스를 저감시키

27) Energy Information Administration (EIA), 2000 : http://www.ec.gc.ca/press/000519d_f_e.htm

기 위해 윌리엄 고세이지가 처음으로 개발하였다. 현대 집진기는 배출 흐름에 작은 물방울을 뿌려 아황산가스를 용해한 다음 바닥 면 또는 젖은 표면과 같은 수집 표면에 달라붙게 하여 제거시키다.

### 2) 규제의 효과

미국 환경보호청 대기·복사국은 1990년 청정 공기 법령 수정안이 통과된 이후인 1995년과 1996년에 강우의 황산염 농도가 10~25 % 낮아졌다고 추정하였다. 황산염 농도가 가장 저감된 지역은 오하이오 계곡과 주의 풍하측이었다. 이 기간 동안 질산염 농도는 개선되지 않았다.

캐나다가 이산화황 배출을 저감하도록 규제함에 따라, 캐나다의 일부 호수와 삼림의 산도가 낮아지게 되었다. 예를 들면, 1960년대 후반 온타리오 주 서드베리 니켈 제련소 굴뚝은 북미 지역에서 가장 큰 아황산가스 단일 생성원으로, 하루에 5,000 톤을 배출하여 주변 호수와 삼림을 황폐화 시켰다. 오늘날에는 이들의 배출을 하루 500 톤 미만으로 조절함에 따라 주변 호수와 삼림 중 일부가 재생되었다. 대서양 지역인 퀘벡 주와 온타리오 주 지역 호수의 산도도 개선되었다[28]. 스웨덴 호수도 많이 복원되었지만, 아직도 많은 호수들이 산성침적에 의해서 피해를 받고 있다. 유럽 동부 지역과 아시아에서도 문제는 여전히 심각하다.

---

28) Environment Canada, 2000 : Acid rain update. http://www.ec.gc.ca/press/000519d_f_e.htm

산성비란 용어를 처음 사용한

# 로버트 앵거스 스미스

Robert Angus Smith, 1817~1884

잉글랜드 화학자인 로버트 스미스. 산성비란 용어를 처음으로 도입하였다.

19세기 유명한 스코틀랜드 화학자인 로버트 앵거스 스미스는 1817년 2월 15일 스코틀랜드 폴럭쇼즈(Pollokshaws)에서 존 스미스(John Smith)와 자넷 톰슨(Janet Thomson)의 12번째 아이로 태어났다. 로버트는 글래스고 고등학교에서 교육을 받은 다음 12살에 글래스고 대학교(University of Glasgow)에 입학했으나, 경제적인 어려움으로 학교를 마치지 못하고 1년 후 그만두게 되었다. 그는 개인 가정교사를 하면서 시간을 보내다 1926년 런던으로 가게 되었다. 이곳에서도 그는 명문가의 자제를 가르치는 가정교사를 하였다. 1939년 가족을 따라 독일의 기센으로 간 그는 그곳에서 머물면서 기센 대학교의 유스투스 폰 리비히(Justus von Liebig, 1803~1873)[29] 아래에서 화학을 전공한 후 1941년 박사학위(Ph.D.)를 받았다.

1941년 말 그는 런던으로 돌아와 예전처럼 가정교사 일을 하거나 그의 형이 경영하던 'The Family Herald'라는 잡지사 일을 도우며 2년의 세월을 보냈다. 1843년 그는 왕립 맨체스터 연구소(the Royal Manchester Institution)의

29) 독일 화학자로서 기센 대학교와 뮌헨 대학교 화학 교수를 역임하였고 유기화학의 창시자 중의 한 사람이다.

라이언 플레이페어(Lyon Playfair, 1818~1898)[30]의 화학 실험실 조수로 가게 되어 세계 최초 산업 도시의 환경 문제에 참여하였다. 그는 이곳에서 여생을 보내게 된다.

1943년 여름 플레이페어는 '마을건강조사위원회(the Health of Towns Commission)'에 참여할 것을 요청받았다. 이 위원회의 임무는 맨체스터 지방을 포함한 랭커셔 주 남부 지방에 사는 마을 사람들의 건강을 특별 조사하는 것이었다. 스미스는 플레이페어의 부 커미셔너로서 이 작업에 합류하였다. 그들은 이들 공장 주위에 소재한 마을들을 방문하여 불결함과 빈곤의 현장들을 목격하였다.

마을건강조사위원회의 임무가 끝난 후, 1845년 플레이페어는 런던의 지질 조사소의 화학자로서 자리를 옮겼다. 그러나 스미스는 맨체스터에 남아 독립적인 분석 화학자로서 생계를 꾸려갔다.

스미스는 1950년 말 오웬 칼리지(Owens College)[31]의 석좌 화학교수에 응모하였지만 꿈을 이루지 못하였다. 그는 또한 1857년에 동일한 자리에 응모하였지만, 그를 대신하여 다른 사람(Roscoe)이 임명되었다. 1862년 스미스는 애버딘 대학교의 석좌 교수 자리에 응모하였지만 또다시 성공하지 못하였다.

1856년 스미스는 『돌턴 박사의 전기 *Memoir of Dr. Dalton*』라는 그의 첫 번째 책을 발간하였다. 1863년 그는 영국 최초의 알칼리 법령 감시자가 되었다. 그는 산업체가 염소([HCl(g)]) 배출을 95 % 감소시키도록 위탁받았다.

---

30) 스코틀랜드 과학자이고 하원의원을 지냈으며 독일 기센 대학교 리비히 교수 밑에서 연구하였다.

31) 1851년에 설립된 대학으로 현재 맨체스터 대학교(University of Manchester)의 전신이다.

스미스는 또한 야외 실험주의자이기도 했다. 1872년, 그는 『공기와 비 : 화학 기후학의 시작 *Air and Rain : The Beginning of a Chemical Climatology*』를 편찬하였다. 여기서 그는 영국 내 대기오염에 대한 최초의 감시망의 결과를 논의하였다. 그는 분석의 하나로 산소 분자와 이산화탄소의 기체상 혼합비를 기록하였고, 영국제도의 빗물에서 염화물, 황산염, 질산염, 암모늄의 성분을 측정하였다. 그는 자신의 책에서 석탄연소 기관이 설비된 부근에서 내리는 비의 높은 황산염 농도를 설명하기 위해서 '산성비'란 용어를 도입하였다.

스미스는 1883년부터 건강이 나빠졌고, 1884년 심한 악성 빈혈을 앓았다. 결혼하지 않았던 그는 1884년 5월 12일 사망하였다. 그의 무덤은 커설에 소재한 세인트 폴 교회 묘지에 있으며, 비석은 스코틀랜드 화강암으로 만들어져 있다.

# 제4장◉ 오존 고갈

성층권 오존층은 약 23억 년 전 산소를 생산하는 광합성이 시작되자마자 형성되기 시작하였다. 녹색 식물이 진화하고 분자 산소 혼합비가 현재 수준까지 도달하는 4억 년 이전까지는 오존층이 완전히 발달하지 않은 것으로 보인다. 오존에 의해 이루어지는 자외선(ultraviolet; UV) 복사의 흡수는 오늘날 성층권이라 불리는 온도 역전층을 생성하였다. 이를 통해 생명체에 해를 입힐 수 있는 UV 복사가 지표면에 도달하는 것을 막을 수 있었다.

염소와 브롬을 포함한 인공 화합물들은 1930년대부터 공기 중으로 배출되어 오랜 기간 대기권에 머물렀고, 서서히 대류권에서 성층권으로 전이되어 1970년대 이후부터 전 세계적으로 성층권 오존 감소가 일어났다. 게다가 1980년 초반부터는 매년 9월, 10월, 11월 동안 오존층의 70 %가 남극대륙 상공에서 파괴되었다. 매년 4월, 5월, 6월 동안 북극지방 상공의 오존층 감소는 남극대륙 상공보다는 적게 나타났다. 최근에는 국제적인 협력 덕분에 인공 화합물의 배출이 줄어듦에 따라 오존 손실이 훨씬 천천히 일어나고 있다.

1978년 스프레이 캔에서 CFCs의 사용 금지가 미국에서 시행되었다.

그러나 그것만으로는 불충분하여, 국제 사회는 몬트리올 의정서를 통해 모든 CFCs 배출을 규제하는 데 동의하였다. 2000년에 보고된 CFCs 배출은 1976년의 1/10 정도로 나타났으며, 전 세계 오존 수준은 현재 성층권에 존재하는 CFCs가 천천히 제거되는 2050년에야 비로소 원래대로 복원될 것으로 예상하고 있다.

이 장에서는 오존층 연구의 역사, 현재 오존층의 구조, 오존층과 자외선 복사 사이의 관계, 성층권 오존층의 최근 변화, 남극 오존구멍, 자외선 복사 양의 증가가 생명체와 생태계에 끼치는 영향, CFCs의 규제 등에 대해서 알아보고자 한다.

## 1. 오존층 연구의 역사

오존은 대기를 구성하는 총 기체의 1 ppm 미만을 차지하는 미량기체이다. 오존에 대한 대기 수지의 대부분은 지상 15 km 이상의 성층권에 한정되어 있다. 비교적 적은 농도에도 불구하고, 오존은 지구상의 생명에 대한 환경을 규제하는 데 중요한 역할을 담당한다. 오존은 자외선 태양복사의 치명적인 조사량으로부터 식물의 표면을 보호하는 기능을 수행한다. 300 nm 미만의 파장을 가진 복사는 모든 생명체 조직의 필수 구성원인 DNA 분자에 단편적으로 잠재력을 가진다. 만약 성층권에 오존이 존재하지 않는다면, 지표면은 240 nm 미만의 짧은 파장을 가진 태양복사에 노출될 것이다. 대기 중의 오존의 합성은 지표면에서의 생물의 진화에 없어서는 안 되는 것이었다.

오존은 1839년 스위스 화학자인 크리스티안 프리드리히 쇤바인

(Christian Friedrich Schönbein, 1799~1868)이 발견하였다[1]. 농도가 높은 상태의 오존은 푸른 초록색을 띤 기체로 아주 강한 산화력을 지닌다. 오존은 유독 가스로서 눈을 따갑게 하며 흔히 대기오염 사건이 발생할 때 지표면에 나타나기도 한다. 이것은 천식을 유발하며 점막에 염증을 일으킨다. 건조 공기는 78 %의 질소와 21 %의 산소 그리고 아르곤, 수증기, 이산화탄소와 같은 미량기체들로 구성된다. 일반적인 건조 공기에서 오존이 차지하는 양은 보통 수 ppm 정도로 아주 적고, 오존층에서조차 10 ppm 정도에 불과하다.

19세기 후반 여러 과학자들은 오존이 입사하는 태양 자외선의 특정 파장 영역에서 흡수된다는 사실을 깨달았다[2]. 이러한 사실은 성층권의 열적 구조뿐만 아니라 지구 상에 존재하는 생명체의 생태학적인 체제를 결정하는 데 중요한 역할을 하였다.

지상에서의 오존 농도 측정은 1918년 맨 처음 영국의 로버트 스트러트(Robert John Strutt, 1875~1947)[3]에 의해 이루어졌다. 그는 5 km 상공까지 기록된 수소 램프의 스펙트럼들을 사용하였다. 이러한 측정에서 알려진 사실은 오존이 대기 전체에 균등하게 분포할 수 없으며, 어떤 높이에서 측정되는 높은 농도는 별의 스펙트럼에서 볼 수 있는 300 nm 부근의 선명한 절단을 설명하는 데 필요하다는 것이었다[4]. 1921년 프랑스 물리학자인 마리 파브

---

1) Schönbein, C. F., 1840 : Recherches sur la nature de l'odeur qui se manifeste dans certaines actions chimiques. *C. R. Hebd. Seances Acad. Sci.*, **10**, 706–710.

2) Cornu, A., 1879 : Observation de la limite ultraviolette du spectre solaire a diverses altitudes. *C. R. Hebd. Seances Acad. Sci.*, 89, 808.
Hartley, W. N., 1880 : On the probable absorption of solar radiation by atmospheric ozone. *Chem. News*, 42, 268.

3) 잉글랜드 물리학자로서 후에 4번째 레일리 경으로 추대됨. 레일리 산란으로 유명한 존 스트러트의 아들이다.

리(Marie Paul Auguste Charles Fabry, 1867~1945)와 앙리 뷔송(Henri Buisson, 1873~1944)은 분광 사진 기법을 사용하여 오존이 주로 성층권에 존재한다는 사실을 증명하였다.

1930년 잉글랜드 물리학자인 시드니 채프만(Sidney Chapman, 1888~1970)[5]은 성층권 내의 오존은 산소 분자의 자외선 광 해리로부터 만들어져야 한다고 제안하였다. 그는 채프만 순환 반응식들을 가정하고 이들이 성층권 내에서 일어나는 자연적인 오존의 생성과 파괴를 나타낸다고 설명하였다[6].

과거 30년 동안 성층권 오존 화학에 대한 관심은 놀랄 만큼 급성장했다. 1971년 이전에 성층권 오존 연구는 대기화학자와 기상학자에 한해서만 관심을 끄는 주제였다. 발상의 전환은 다양한 형태의 인간 활동이 행성 표면에 도달하는 자외선 태양복사의 양을 증가시켜, 오존의 지구를 보호하는 방패로서의 역할을 감소시킨다는 연구 결과에 많은 이들이 관심을 가짐으로써 일어났다. 이러한 경고는 1971년 최초로 캘리포니아 출신의 화학자인 해롤드 존스턴(Harold Johnston, 1921~ )과 네덜란드 기상학자인 파울 크루첸(Paul Josef Crutzen, 1933~ )에 의해 이루어졌다. 이들은 1960년대와 1970년대 초반 미국 정부의 지원을 받아 상업적인 초음속 여객기(SSTs)의 운행이 야기할 수 있는 환경 파괴 대한 연구를 수행하였다. 연구 결과에 따르면, 항공기는 주로 성층권 내로 비행하는데 이곳은 공기가 예외적으로 안정한 곳이고 소모된 기체는 대류권에 미치기 전 여러 해 동안 존재하고 대류권에 내려오면 강수와 지표면 침적에 의해 제거된다. 존스턴과 크루첸은 항공기

---

4) Shanklin, J. D., 2001 : Back to basics : The ozone hole. *Weather*, 56, 222-230.

5) 잉글랜드 출신으로 영국 왕립기상학회의 43대(1926-27) 학회장을 지냈다. 지자기 연구에 많은 공헌을 하였다.

6) Chapman, S., 1930 : A theory of upper-atmospheric ozone. *Mem. Royal Met*. Soc. 3, 104-125.

배기 기체에서 배출되는 산화질소가 오존과의 반응률을 향상시켜 성층권으로부터 오존을 제거하고, 결과적으로는 오존의 양을 감소시킬 것이라고 예측하였다. 따라서 보잉 항공사의 제안대로 하루에 500편의 SSTs가 성층권을 운항한다면 수 %의 오존이 감소된다는 것이었다.

오존량의 감소는 언뜻 보면 큰 문제로 느껴지지 않을 것이다. 그러나 오존의 조그마한 변화로도 피부암 발병률이 높아질 가능성이 있다는 이들의 추측은 대중적인 의식 각성을 불러일으켰다. 오존의 변화와 피부암 환자의 증가 사이의 관련성은 애리조나 대학교의 기상학자인 제임스 맥도날드(James Edward McDonald, 1920~1971) 교수에 의해 최초로 인식된 것이다. 그는 원래 미확인 비행 물체(UFOs)에 관한 연구 때문에 1960년대에 평판이 좋지 않은 사람이었다. 맥도날드는 미국 공군에 의해 제출된 많은 공식적인 설명을 UFO의 관찰을 설명하기 위해 흠집을 내었다. 이러한 별난 경력에도 불구하고, 과학자로서 그의 역량은 나무랄 데 없었다. 일찍이 그는 구름물리학의 이해에 중요한 공헌을 하였다. 오존의 변화와 피부암 발병률 사이의 정량적인 관계를 정의한 그의 업적은 통찰력 있는 것이었고, 환경과 인간의 건강 증진에 중요한 공헌을 하였다는 평가를 받아 맥도날드에게 영예를 안겨 주었다[7].

그의 아이디어는 1970년대 초반 초음속 항공기의 환경적인 효과에 관련된 회의에서 널리 발표되었지만 아쉽게도 그의 공헌에 관한 기록은 많이 남아 있지 않다. 맥도날드는 자신의 아이디어를 저술할 기회도 없이 1971년에 사망하였다. 그가 사망한 해는 근심이 많은 해였다. 그는 자신이 SSTs 프로그램을 옹호하는 사람들로부터 신랄한, 때로는 인신 공격에 가까운

7) http//www.cohenufo.org/McDonald/

비판을 받고 있다는 것을 깨달았다. 그의 적대자들은 그가 앞서 연구했던 UFO에 대해 언급하기를 주저하지 않았다. 이러한 여러 원인들로 심적 스트레스를 받아 그가 자살로 최후를 맞이한 것인지는 분명하지 않다. 그렇지만 그와 해롤드 존스턴, 파울 크루첸이 함께 한 연구가 미국 정부로 하여금 1972년 SSTs에 대한 지원을 중단할 것을 결정하도록 하는 데 중요한 역할을 한 점은 의심의 여지가 없다.

SSTs 이슈는 성층권 과학의 발달에 중요한 역할을 하였다. 그것은 교통부가 연구비를 담당하고 유럽과 긴밀한 노력을 기울인 미국 내의 주요 연구 프로그램이 되었다. 유럽 사람들은 초음속 비행의 환경 영향에 대한 독자적인 관심을 가지고 있었다. 당시 콩코드 기가 도입되면서 앵글로-프렌치 콘소시엄은 수천 대의 비행기를 시장에 내놓을 야심 찬 계획을 가지고 있었기 때문이다. SSTs 이슈는 성층권 과학자라는 새로운 집단을 만들었고, 이들은 지상 원격 탐사에 참가하여 비행기, 풍선, 로켓, 인공위성을 이용해 성층권 기체를 측정하는 다양하고 혁신적인 기술 개발을 가져왔다.

이런 측정은 자연 조건 하에서 오존의 조절에 반응하는 물리적, 화학적, 생물학적 과정들을 이해하는 데 도움이 되었다. 특히 간접적으로는 오존에 대한 새로운, 심지어 치명적이기까지 한 위협을 발견하는 장을 마련하였다. 이 발견은 1974년 캘리포니아 대학교의 2명의 화학자인 마리오 몰리나(Mario Molina, 1943~ )와 셔우드 롤런드(Sherwood Rowland, 1927~ )에 의해 이루어졌다.

이 문제는 클로로플루오르카본(chrolofluoro-carbons; CFCs)로 알려진 산업 화학물질과 연관된다. 1930년 개발된 이 화학물질은 불활성이고 환경에 영향을 미치지 않는 것으로 생각되고 있었다. 몰리나와 롤런드는 CFCs가 성층권에 올라가면 이곳에서 분해되어 염소원자를 제공하게 된다는 점을 지적하였다. 염소원자는 오존을 파괴하는 물질인 산화질소보다 더 효과적이다. 염소원자는 위에서 비유한 통 속에 더 큰 구멍을 뚫게 된다. CFCs 이슈는 1974년 이후의 성층권 연구에서 주류를 이루었다. 파울 크루첸, 마리오 몰리나, 셔우드 롤런드는 성층권 오존에 대한 인간 활동의 효과를 이해하는 데 공헌한 점을 인정받아 1995년 노벨 화학상을 공동으로 수상하였다.

1980년대 초반에 이르러 성층권 내로 오랫동안 대기권에 머무는 염소화된 기체와 브롬화된 기체의 사용과 방출이 계속되어, 적은 양이긴 하지만 오존의 손실이 이루어졌다는 점에 대한 일반적인 동의가 이루어졌다. 성층권 화학과 역학에 대한 모의 실험 결과에 의하면, 만약 우리가 1980년대에 사용한 비율대로 CFC-11과 CFC-12를 계속 사용한다면 전 세계적으로 오존 평균 체적의 5~9 %가 감소될 것으로 예상하고 있다. CFC-11과 CFC-12의 변화뿐만 아니라 이산화탄소, 메탄, 아산화질소의 양의 증가를 이 모델에 허용하였을 때, 이들의 영향은 적게 나타나는 것으로 예측되었다. 1980년대 10년 동안 예측된 오존의 체적 밀도 감소는 약 1 %로 작았다. 이러한 이유로 1985년 1970년 중반으로 되돌아가 봄철 남극대륙에서 관측된 오존의 체적 밀도 감소가 40 %에 육박했다는 사실에 대기과학자들은 경악을 금치 못하였다.

일본 남극 관측 기지인 쇼와 기지(66°S, 39°35 ′ E)에서 성층권 오존을 관측하고 있던 기상연구소 주하치 연구관은 1982년 9월에서 10월에 걸쳐 성층권 오존 밀도가 비정상적으로 낮다는 것을 발견하였다. 그림 4-1은 태양 직사광, 천정광, 월광을 이용하여 돕슨 분광계로 측정한 오존 밀도의 결과이다. 주하치는 이러한 결과들을 1984년 5월 그리스에서 개최된 성층권 오존 국제 회의에서 발표하였다[8].

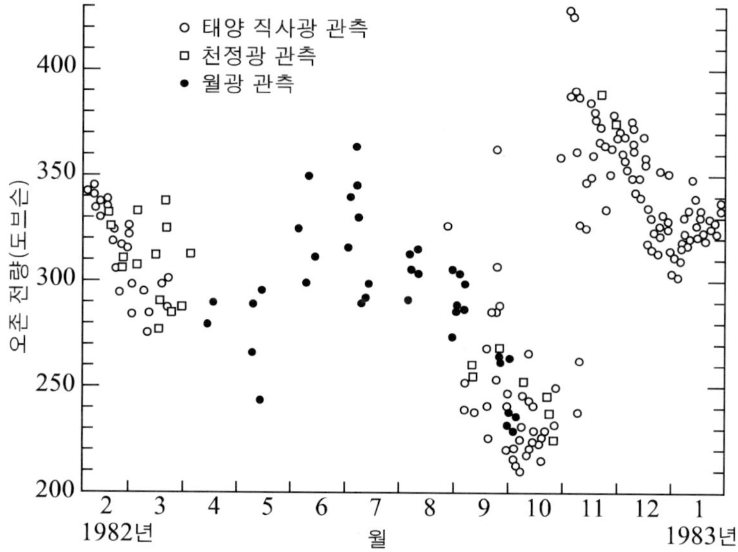


**그림 4-1** 1982년 일본 남극 기지인 쇼와 기지에서 관측한 오존 밀도의 변화로, 9월과 10월에 걸쳐 오존 전량이 비정상적으로 적어졌음을 보여주고 있다.(출처 : 한명수, 1989)

같은 시기 영국의 남극 기지인 헬리베이 관측소(76°S, 27°W)에서는 영국 남극 조사소(the British Antarctic Survey; BAS) 소속의 조 파먼 등이 1982년부터 1984년까지 3년간 9월과 10월에 발생한 이상 현상을 관측하였다. 이러한 발생 결과들을 보고하는 논문이 1985년 5월 16일자 『네이처 *Nature*』지에 게재되었다(그림 4-2)[9].

---

8) 한명수 옮김(시마자키 다쓰오 지음), 1989 : 지구의 수호신 성층권 오존-왜 주는가? 줄면 어떻게 되는가? 전파과학사. p. 175.

9) Farman, J. C., G. G. Gardiner, and J. D. Shanklin, 1985 : Large losses of total ozone in Antarctica reveal seasonal ClOx/NOx interaction. *Nature*, 315, 207-210.

**Large losses of total ozone in Antarctica reveal seasonal $ClO_x$/$NO_x$** interaction

J. C. Farman, B. G. Gardiner& J. D. Shanklin

British Antarctic Survey, Natural Environment Research Council, High Cross, Madingley Road, Cambridge CB3 0ET, UK

**Recent attempts**[1,2] to consolidate assessments of the effect of human activities on stratospheric ozone ($O^3$) using one-dimensional models for 30° N have suggested that perturbations of total $O_3$ will remain small for at least the next decade. Results from such models are often accepted by default as global estimates[3]. The inadequacy of this approach is here made evident by observations that the spring values of total $O^3$ in Antarctica have now fallen considerably. The circulation in the lower stratosphere is apparently unchanged, and possible chemical causes must be considered. We suggest that the very low temperatures which prevail from midwinter until several weeks after the spring equinox make the Antarctic stratosphere uniquely sensitive to growth of inorganic chlorine, ClX, primarily by the effect of this growth on the $NO_2$/NO ratio. This, with the height distribution of UV irradiation peculiar to the polar stratosphere, could account for the $O_3$ losses observed.

**그림 4-2** 1985년 『네이처』지 315권(207~210 페이지)에 게재된 남극 오존구멍의 존재를 알린 논문의 제목과 요약문.(출처 : Nature, 1985)

그림 4-3은 1957년부터 1984년까지 매 10월마다 남극 해안에 위치한 헬리베이(Halley Bay) 관측소에서 관측한 오존의 평균 체적 밀도 변화를 설명한 그림을 재구성한 것이다. 이들 자료의 검증을 위해 전 세계 시・공간에 분포하는 오존의 체적 밀도 관측값들이 사용되었다. 체적 밀도는 전형적으로 봄 동안 고위도에서 가장 크다는 점에 주목할 필요가 있다. 남극대륙에서 봄 동안 오존의 체적 밀도는 320 DU으로 여름이 가까워짐에 따라 380

DU까지 올라간다는 것을 그림 4-3에서 발견할 수 있다.

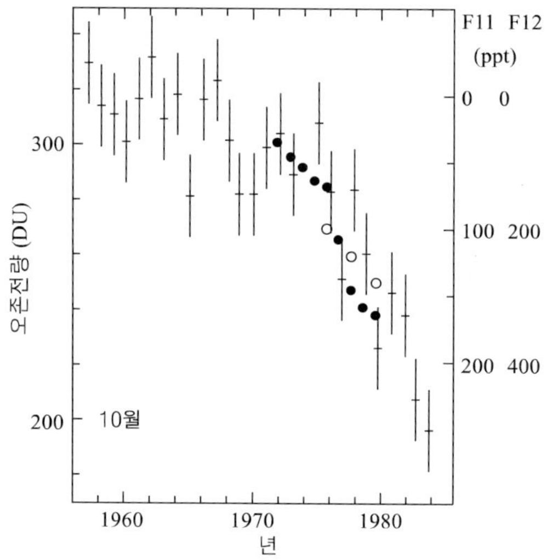


**그림 4-3** 남극대륙 헬리베이 관측소 상공에서 매년 10월 평균값인 오존의 체적 밀도와 대기 중에 적재된 CFC-11, CFC-12의 농도. 오존의 체적 밀도는 수직 막대로 표시하였다. CFC-11의 농도는 그림 오른쪽 닫힌 원으로 표시된 것으로 0~200(ppt)의 범위에 나타내었다. CFC-12의 농도는 그림 오른쪽 열린 원으로 표시된 것으로 0~400(ppt)의 범위에 나타내었다[10].(출처 : Nature, 1985)

그림 4-3에 있는 자료에서 보면 1984년 10월 헬리배이 상공에서 관측한 오존의 체적 밀도가 200 DU까지 떨어졌다는 것을 알 수 있다. 또한 앞서 지적한 바와 같이, 1970년대 중반부터 급격하게 감소한다는 것을 볼 수 있다. 최근 남극대륙 상공에서는 체적 밀도가 100 DU까지 떨어지는 경우도 있는데 이는 60 % 이상 과잉 감소가 일어났다는 것을 의미한다. 남극대륙 상공의 오존 양은 어떤 경우에도 적도 지방보다 적게 나타난다.

---

10) Farman, J. C., G. G. Gardiner, and J. D. Shanklin, 1985 : Large losses of total ozone in Antarctica reveal seasonal ClOx/NOx interaction. *Nature*, 315, 207-210.

이러한 일련의 연구 결과에 자극받은 과학자들은 1986년 여름 미국 화학자인 수잔 솔로몬(Susan Solomon, 1956~ )을 대장으로 한 특별 탐험대를 남극으로 파견하였다. 이 제1차 탐험대는 미국 항공우주국(NASA)과 국립과학재단(NSF)의 지원을 받아 미국 남극 기지인 맥머드(McMurdo) 관측소(77° 51′S, 166° 40′E)에서 활동하였다. 그 결과, 과학자들은 오존 감소가 화학반응에 의한 것이라는 결론을 얻게 되었다[11]. 1987년에는 제2차 탐험대가 조직되어 제1차 탐험대의 관측 결과를 재확인하였다. 이들은 ER2 항공기를 이용하여 성층권 내에서 직접 오존을 관측한 결과, 오존구멍이 염소산화물의 촉매 작용으로 발생한다는 사실을 알게 되었다[12].

앞서 논의한 바와 같이, 헬리베이 관측소 상공에서 일어난 오존 감소는 예상하지 못한 사건이었다. 그러나 이는 독립적인 관측, 특히 TOMS 위성 자료 분석을 통하여 곧 확인되었다. 위성은 1978년부터의 관측 기록을 제공하였고 헬리베이 관측소에서 얻은 결과는 그 밖에도 여러 공간과 시간에서 광범위하게 나타났다. 파먼이 말한 오존의 감소는 대기의 비교적 큰 지역과 연관이 있다고 그들은 지적하였다. 이것은 한대 소용돌이(polar vortex)라 알려진, 겨울 동안 한대 지역 상공에 형성되는 한랭기단으로 고립되어 회전하는 공기이다. 소용돌이가 최대로 발달하면 남반구의 약 10 %를 차지하게 된다.

이들 현상을 설명하기 위해 다양한 이론들이 쏟아져 나왔고 결국 이 현상은 파먼의 논문을 통해 남극 오존구멍(Antarctic ozone hole)으로 알려지게

---

11) Solomon, S., R. W. Garcis, F. S. Rowland, and D. J. Wuebbles, 1986 : On the Depletion of Antarctic Ozone. *Nature*, 321, 755-758.

12) Solomon, S., G. H. Mount, R. W. Sanders, R. O. Jakoubek, and A. L. Schmeltekopf, 1987 : Visible spectroscopy at McMurdo station, Antarctica, 2, Observations of OClO. *J. Geophys. Res.*, 92, 8329-8338.

되었다. 파먼 논문에 자극을 받아 연구가 활발하게 진행되었다. 또한 전혀 예상하지 못한 관측을 설명하기 위한 이론들을 적극적으로 확립하였다. 이 이론들은 몇 가지 주요한 결론을 표방하였다. 첫째, 봄철 남반구의 고위도에서 왜 오존의 상당량이 감소되는지 설명하는 것이었다. 둘째, 왜 1970년대부터 오존이 비교적 급격하게 감소되었는지 이론적으로 설명하는 것이었다. 마지막으로 고도 10~20 km 범위에서 오존이 가장 부족하게 나타나는 이유를 설명하는 것이었다.

과학자들은 과거 10년 동안 남극 상공에 발생하는 오존구멍에 대한 물리적이고 화학적인 과정들을 비교적 완전히 이해하는 데 노력을 경주하였다. 진행의 행보는 놀라웠고, 이 기간 동안 성층권 오존에 대한 인간활동의 범주와 특징에 대한 의문을 이해하는 데 투입되는 과학적이고 기술적인 재능의 넓이와 깊이를 입증하였다.

## 2. 현재 오존층의 구조

공기 중의 오존 양의 도량 단위는 '오존 전량(ozone column abundance)'으로, 1 $cm^2$의 면적 위 지면과 대기권 꼭대기 사이에 들어 있는 모든 오존 분자들의 합이다. 이 숫자에 $2.7 \times 10^{16}$을 나누면 돕슨 단위(Dobson unit, DU)의 오존 전량이 된다. 그러므로 1 DU는 표면적 1 $cm^2$ 당 $2.7 \times 10^{16}$ 오존 분자에 해당한다. 돕슨 단위는 옥스퍼드 대학 연구원이었던 고든 돕슨(Gordon M. B. Dobson, 1889~1976; 그림 4-4)의 이름을 딴 것이다. 그는 1920년대 지면에서부터 오존 전량을 측정하기 위해 현재 돕슨미터(Dobson meter)라 불리는 최초의 측기를 만들었다. 2000년 북위 90°에서 남위 90°까지 전 세계 평균 오존 전량은 293.4 DU였다. 이러한 오존 전량은 1 기압, 273 K의 조건 하에서 2.93 mm 높이의 기주에서와 같은 공기 분자 개수를 포함하고 있다. 그림 4-5는 오존 전량에 대한 설명이다.

**그림 4-4** 잉글랜드의 물리학자·기상학자인 고든 돕슨. 성층권 오존 연구로 유명하다. (출처 : Field, 2007)

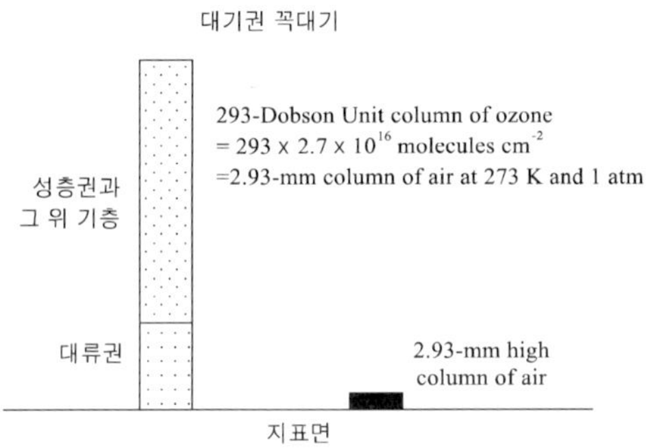


**그림 4-5** 전 세계 평균 오존 전량의 예. 오존의 293 DU 기주 내에서 지표면의 단위 면적 당 오존 분자의 개수는 지표면 근처 2.93 mm 높이의 기주 속에 들어 있는 공기 분자 개수와 동일하다.(출처 : Jacobson, 2002)

그림 4-6은 위도와 2000년의 월별 오존 전량의 변동을 보여주는 것이다. 이 그림에서 볼 수 있는 특징은 다음과 같다. 전 해를 통틀어 적도 지방의 오존이 가장 적은 것은 대류권에서 공기가 상승 운동을 할 때부터 오존을 적게 포함하고 있기 때문이다. 위도가 높은 지방으로 갈수록 수평적으로 오존이 많은 공기로 대체된다. 적도 상공의 오존 전량은 전 해에 걸쳐 250~290 DU이다.

북반구 봄(3월~5월)의 오존 전량 최대값은 북극에서 나타나는데 그 범위는 350~450 DU이다. 이는 적도로부터 성층권 오존이 북향 수송되는데 기인한다. 오존이 극에서 수렴하여 하강하면 오존 전량이 증가한다. 2000년 1월 18일 임의 지점(64.5°N, 178.125°W)에서 최대 오존 전량은

573 DU였다.

남반구 봄(9월~11월) 아한대(60~65°S) 지역에서 오존 전량 최대값은 35~420 DU의 범위로 나타났다. 이는 적도로부터 오존이 남향 수송되는 것에서 기인한다. 오존이 남쪽으로 움직임에 따라 그들 중 많은 양이 한대 소용돌이의 전면에서 하강하게 된다. 한대 소용돌이는 상층 대류권과 성층권에서 남극대륙 주위를 도는 한대전선 제트류 바람 시스템이다.

남극 상공에서 봄철 최소 150 DU 미만의 값이 나타나는 까닭은 염소와 브롬 라디칼이 오존과 화학적으로 반응하기 때문이다. 이러한 현상을 남극 오존구멍이라고 한다. 2000년 9월 29일 임의 지점(85.5°S, 64.375°W)에서 나타난 최소 오존 전량은 94 DU였다.

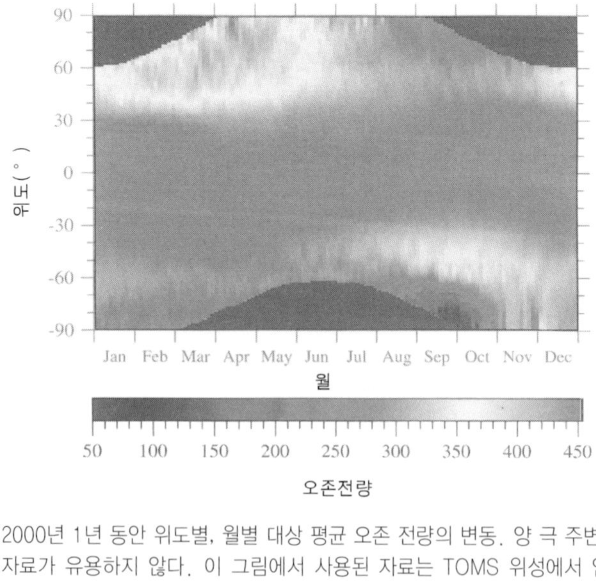


**그림 4-6** 2000년 1년 동안 위도별, 월별 대상 평균 오존 전량의 변동. 양 극 주변 공백 지역은 자료가 유용하지 않다. 이 그림에서 사용된 자료는 TOMS 위성에서 얻은 것이다. (출처 : Jacobson, 2002)

그림 4-7은 1979년, 1999년, 2000년의 위도에 따른 연도별 대상 평균된 오존 전량의 변동을 보여준다. 그림 4-7에서 보면, 3년 모두 적도 부근에서 오존층이 엷게 나타나고 있다. 남위 15°에서부터 북위 15°까지 오존 전량은 1979년과 비교해 볼 때 1999년에 실제로 증가하였다. 1979년 오존에 대한 증가는 1979년부터 2000년 사이 기간의 약 1/3 동안 발생하였다.

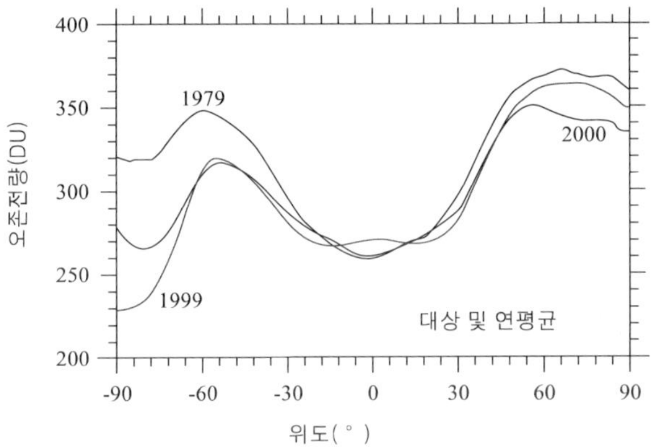


**그림 4-7** 1979년, 1999년, 2000년의 위도에 따른 연도별 대상 평균된 오존 전량의 변동. 이 그림에서 사용된 자료는 TOMS 위성에서 얻은 것이다.(출처 : Jacobson, 2002)

1979년과 그 이전 해에 남위 60°에서 90° 상공의 연별, 대상별로 평균된 오존 전량은 적도 상공보다 더 큰 값을 나타내었다. 1979년 이후부터 계절적인 남극 오존구멍은 남위 60°에서 90° 상공의 오존 전량이 감소함에 따라 발생하였다. 남위 60°에서 90° 상공의 평균 오존 전량은 1999년보다 2000년에 약간 많이 나타났지만, 오존구멍이 생긴 면적도 1999년보다 2000년이 더 크게 나타났다.

북위 60°에서 90° 상공의 오존 전량은 항상 적도보다 많게 나타났다. 그러나 1979년부터 2000년까지 대부분의 해에서 북위 60°에서 90° 상공의 오존 전량은 1979년보다 적었다. 한 번의 예외는 1999년으로 1979년과 거의 동일한 오존 전량을 나타낸 것이었다. 2000년에는 또 다른 감소가 발생하였다. 감소가 발생하는 것을 북극 오존 눌린 자국(Arctic ozone dent)이라 부른다.

그림 4-8은 위도에 따른 오존 혼합비, 오존 수 농도, 총 공기 수 농도의 전형적인 변동을 보여준다. 성층권 내에서 오존 수 농도(공기 체적 당 오존의 분자 수)는 일반적으로 고도 25~32 km 사이에서 최고이다. 오존 혼합비(건조 공기로 나눈 오존의 수 농도)는 오존 수 농도가 최고로 나타난 고도보다 더 높은 고도에서 최고치를 나타낸다. 성층권에서 나타나는 최고 오존 수 농도는 오염된 도시 공기 수 농도와 거의 비슷하다. 성층권 내의 최고 오존 혼합비(약 10 ppmv)는 오염된 도시 공기(0.2~0.35 ppmv) 또는 대류권 자유 공기(0.02~0.04 ppmv)의 혼합비보다 훨씬 크게 나타난다.

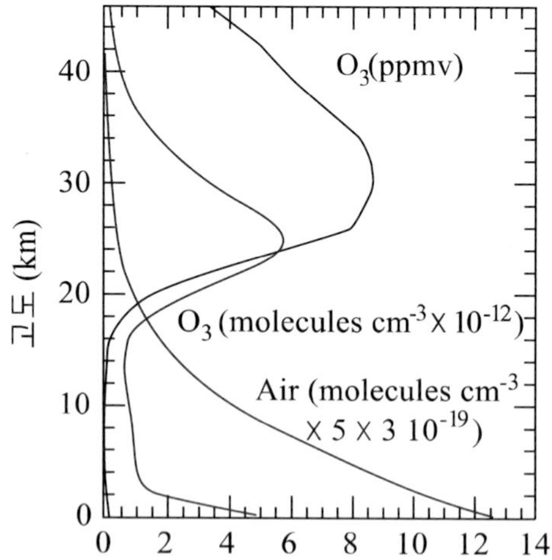


**그림 4-8** 고도에 따른 오존 혼합비, 오존 수 농도, 공기 수 농도의 전형적인 변동. 지표면에서의 오존 혼합비는 0.20 ppmv이다.(출처 : Jacobson, 2002)

## 3. 오존층과 자외선 복사 사이의 관계

오존층은 지면에 도달하는 유해한 자외선 파장들을 막아 준다. 태양 스펙트럼에서 자외선 파장 영역은 원자외선(far-UV)과 근 자외선(near-UV) 파장으로 나누어진다. 근 자외선 영역은 다시 UV-A, UV-B, UV-C로 세분된다. 기체들, 특히 오존과 산소, 에어로졸 입자들은 자외선들이 지표면에 도달하기 전에 대부분의 태양 자외선을 흡수함으로써 자외선이 지표면의 생명체에 피해를 주는 것을 막는다. 이 절에서는 자외선에 영향을 미치는 과정에 대해서 간략하게 설명하겠다.

그림 4-9는 대기권의 꼭대기(top of the atmosphere, TOA)와 지면에서 하향 자외선과 가시광선의 강도가 어느 정도인지 나타낸 것이다. 그림에서 보면, TOA에 입사되는 태양복사 중 0.29 μm 이상의 긴 파장만이 대기권을 투과하여 지면에 도달할 수 있다. 그러므로 대기권은 모든 원자외선과 UV-C 파장을 거르는 필터 역할을 하는 셈이다. 지표면에 도달하는 UV 가운데 약 9 %가 UV-B이고 나머지 91 %는 UV-A이다. 한편 지표면에 도달하는 총 태양복사 중에서 약 5.2 %는 UV-A와 UV-B이고 나머지 94.8 %는 가시광선과 근 적외선이다.

표 4-1은 TOA와 지면 사이에서 근 자외선과 원자외선을 감소시키는 주요 흡수 성분들을 판정한 것이다. 질소 분자는 열권과 중간권 내에서 0.1 μm(100 nm)보다 더 짧은 원자외선 파장을 흡수하고, 산소 분자는 열권, 중간권, 성층권 내에서 0.245 μm(245 nm)보다 짧은 파장을 흡수한다.

오존은 0.35 μm(350 nm)보다 더 짧은 파장을 흡수한다. 강하게 흡수하는 파장은 0.31 μm(310 nm) 미만이고 약하게 흡수하는 파장 영역은 0.31~0.35 μm(310~350 nm)이다. 오존은 또한 0.45~0.75 μm(450~750 nm) 파장

**표 4-1** 자외선 복사의 주요 흡수자 및 흡수 장소(출처 : Jacobson, 2002)

| 스펙트럼 이름 | 파장(μm) | 주요 흡수자 | 흡수 장소 |
|---|---|---|---|
| 원자외선 | 0.01-0.25 | $N_2(g)$ | 열권, 중간권 |
| | | $O_2(g)$ | 열권, 중간권 |
| 근자외선 | | | 성층권 |
| UV-C | 0.25-0.29 | $O_2(g)$ | 성층권 |
| UV-B | 0.29-0.32 | $O_2(g)$ | 성층권, 대류권 |
| | | 분진 성분 | 오염된 대류권 |
| UV-A | 0.32-0.38 | $N_2(g)$ | 오염된 대류권 |
| | | 분진 성분 | 오염된 대류권 |

영역에서는 약하게 흡수한다. 성층권 오존은 적은 양의 UV-C와 UV-B 일부, 대부분의 UV-A를 대류권에 도달하도록 한다. 배경 대류권 내의 오존은 UV-B의 일부는 흡수하나 성층권에서는 UV-A를 흡수하지 않는다. 오염 공기 내에서 UV-B 복사를 흡수하는 것은 블랙 카본, 질소 방향족, 다환 방향족 탄화수소류, 토양・먼지 성분들과 같은 질소 방향족 기체들과 에어로졸 입자 성분들이다.

UV-A를 주도적으로 흡수하는 기체는 이산화질소이다. 청정 공기 내의 이산화질소 혼합비는 너무 작아 UV-A에 영향을 미치지 못한다. 오염 공기 내에서 이산화질소 혼합비는 UV-A 강도가 낮은 때인 아침에만 높게 나타난다. 오염 공기 내에 UV-A를 흡수하는 다른 것은 UV-B 복사를 흡수하는 동일한 에어로졸 입자 성분들이다.

그러나 기체 입자와 에어로졸 입자 흡수가 입사하는 하향 UV 복사를 감소시키는 유일한 메커니즘은 아니다. 기체와 에어로졸 입자에 의한 후방 산란, 지면 반사, 구름 반사에 의해 일부 입사된 UV 복사는 공간으로 다시 되돌아간다.

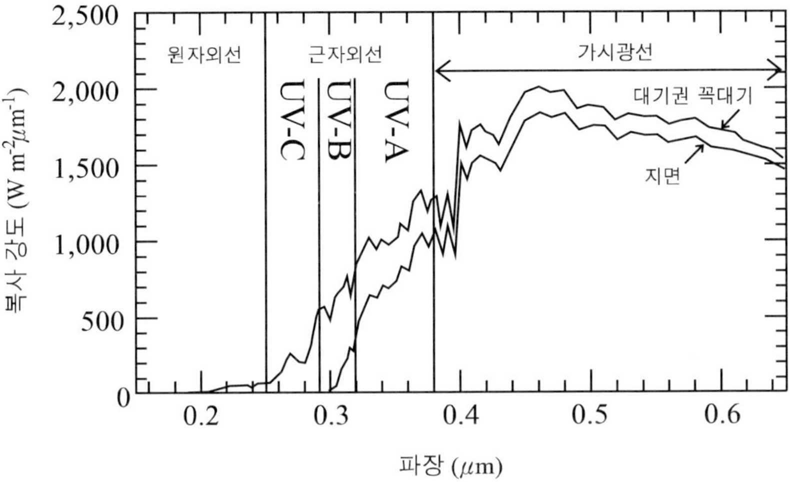


**그림 4-9** 1990년 8월 3일 적도 부근 지점(10° N, 5° W)의 대기권 꼭대기(TOA)와 지면에 도달하는 0.65 μm 미만의 하향 태양복사. 이때 태양 천정 각은 8.2°이다. (출처 : Jacobson, 2002)

## 4. 성층권 오존층의 최근 변화

1970년대 초반 이후 성층권 오존의 변화는 전 세계 성층권 변화, 남극 성층권 변화, 북극 성층권 변화로 세분된다.

### 1) 전 세계 규모의 변화

그림 4-10은 1979년부터 2000년까지 전 세계 성층권 오존 전량이 약 3.5 %(304.에서 293.4 DU로 감소) 감소되었다는 것을 보여준다. 전 세계 오존이 비정상적으로 감소한 것은 1982년 4월에 발생한 멕시코 엘치촌 화산 폭발과 1991년 6월 필리핀 피나투보 화산 폭발 때였다. 이들 화산

폭발에 의해 입자들이 성층권으로 유입되었다. 입자들의 표면에서 염소를 포함하는 화학반응이 일어나 오존 손실에 기여하였다. 그러나 시간이 지나면서 이들 입자들의 농도는 감소하였고, 1979년부터 2000년까지 전 세계 오존의 순 손실은 약 3.5 %를 나타내게 되었다. 남위 60°에서 북위 60° 사이에서의 감소는 2.5 %(298.08에서 290.68 DU로 감소), 북위 60°에서 90°까지는 7.0 %(370.35에서 344.29 DU로 감소), 남위 60°에서 90° 사이에서는 14.3 %(335.20에서 287.23 DU로 감소)로 나타났다.

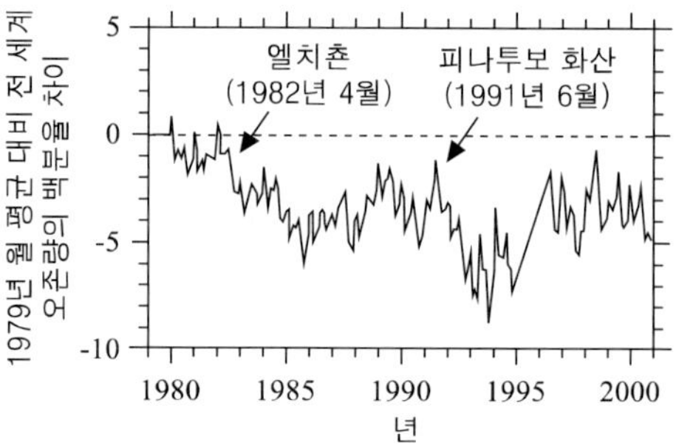


**그림 4-10** 주어진 달과 1979년의 동일한 달 사이 전 세계 월 평균 오존 전량의 백분율 변화.(출처 : Jacobson, 2002)

## 2) 남극대륙 상공 성층권 변화

1950년부터 1980년까지 3곳의 남극 지상 관측소에서 오존 전량이 220 DU 미만을 기록한 경우는 없었다. 220 DU는 남극 오존 고갈(Antarctic ozone depletion)의 문턱값이다. 1980년 이후 모든 남반구 봄(9월~11월)의 성층권 오존은 고갈되고 있는 것으로 측정되고 있다. 1985년 파먼 등이 1980년 이전에 비해 성층권 오존이 30 % 이상 고갈된 사실을 처음으로 보고한 이후 남극점(South Pole) 상공에서 10월 초순에 측정했을 때, 1주일 만에 오존 전량의 70 %가 고갈되었음을 알 수 있었다. 1979년 이후 남위 60°에서 90° 사이 구간에서 9월 동안 있었던 평균 고갈 중 최대값은 2000년에 발생한 32.8 %였다. 10월의 가장 큰 평균 고갈은 38.3 %로서 1998년에 발생하였다. 대부분 오존 고갈이 고도 12~20 km 사이에서 일어났다. 매년 남반구 봄에 남극대륙 상공에서 일어나는 성층권 오존의 큰 감소를 남극 오존구멍이라 한다. 오존구멍은 현재 북미 지역의 크기보다 더 크게 나타난다.

1999년 남극점 상공의 10월 평균값은 131 DU였다. 이는 1979년의 286 DU와 비교되는 수치다. 10월 평균값은 1999년보다 2000년이 약간 높았으나 9월 평균값은 1999년이 약간 높았다. 남위 45°(뉴질랜드 남부, 칠레, 아르헨티나) 상공의 10월 오존 농도는 1979년보다 1999년과 2000년에 5~6 % 더 낮았고, 남위 30°(오스트레일리아, 남아프리카, 칠레, 아르헨티나, 브라질 남부) 상공에서는 3 % 더 낮았다. 이들 나라 상공에서 일어난 일시적인 오존 손실은 지표면에 도달하는 UV-B 복사 양을 증가시켜 건강에 심각한 영향을 끼쳤다.

### 3) 북극지방 상공 성층권 변화

1979년 이후 북극점 상공의 성층권 오존층은 북반구 늦겨울과 봄(3월~5월) 동안 감소하였다. 이러한 현상을 북극 오존 눌린 자국(Arctic ozone dent)이라 한다. 3월의 북극 오존 눌린 자국은 이에 상응하는 10월의 남극 오존구멍에 비해 오존 손실이 아주 적은 것으로 나타나고 있다. 그러나 그림 4-11에서 보면, 2000년 3월 동안 북극 상공의 오존 전량은 1979년 같은 기간보다 거의 16 % 더 낮았다. 1999년 3월 북극 상공의 오존 전량은 1979년 3월의 값과 거의 동일하였다.

### 4) 오존과 대기오염 변화의 효과

매년 전 세계적으로 발생하는 성층권 오존의 감소와 계절적이고 지역적인 성층권 오존의 파괴는 지표면에 도달하는 자외선의 양에 영향을 미친다. 1970년대와 비교해보면, 1998년의 자외선 양은 북반구 중위도 지방의 겨울과 봄에는 7 % 더 많았고, 북반구 여름과 가을에는 4 % 더 많았다. 남반구 중위도 지방의 모든 계절에는 6 % 더 많았으며, 남반구 남극대륙의 봄에는 130 %, 북반구 북극지방의 봄에는 22 %가 더 많았다[13]. 예를 들면 뉴질랜드 로더(Lauder, 45°S)에서 수행된 국지적인 측정에 따르면, 1998년과 1999년 여름 동안 지표면에 도달한 자외선 복사의 양은 1999년대 초에 비해 12 % 더 많았다[14].

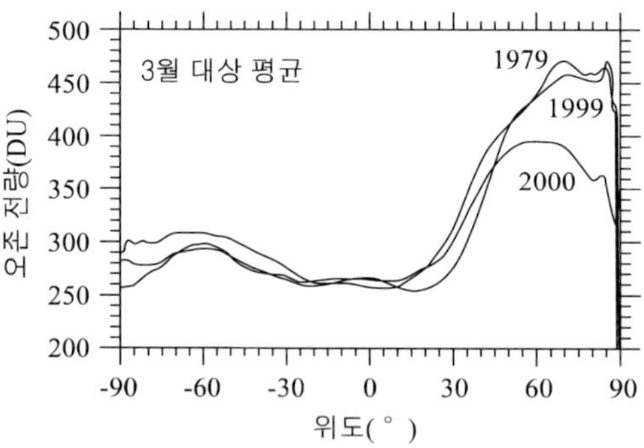


**그림 4-11** 1979, 1999, 2000년 3월 대상으로 평균한 오존 전량의 위도에 따른 변동. (출처 : Jacobson, 2002)

---

13) Madronich, S., R. L. McKenzie, L. O. Bjorn, and M. M. Caldwell, 1998 : Changes in biologically active ultraviolet radiation reaching the Earth´s surface. *J. Photochem. Photobio;. B : Biology*, 46, 5-19.

14) McKenzie, R., B. Connor, and G. Bodeker, 1999 : Increased summertime UV radiation in New Zealand in response to ozone loss. *Science*, 285, 1709-1711.

## 5. 전 세계 오존 감소에 기여하는 물질

1970년대부터 발생하기 시작한 오존 감소 현상은 성층권 내 염소와 브롬의 증가와 관련이 있다. 1974년 미국 화학자인 몰리나와 롤런드는 인공적인 염소 화합물이 오존층을 파괴할 수 있음을 최초로 인식하였다[15]. 그 이후 과학자들은 성층권 내에 존재하는 염소 화합물 및 브롬 화합물과 전 세계 오존 감소와 남극 오존구멍 같은 현상 사이에는 강한 연관성이 있다는 주장을 강화하였다.

성층권 오존을 감소시키는 데 가장 중요한 역할을 하는 화합물은 CFCs이다. CFCs는 메탄 또는 에탄 내의 모든 수소 원자들을 염소 또는 플로오린 원자로 대체시킴으로써 합성된 기체 형태의 물질이다. 예를 들면, CFC-12은 메탄 내의 4개의 수소 원자가 2개의 염소원자와 2개의 플로오린 원자로 대체되어 형성된 것이다.

### 1) CFCs

CFCs는 1928년 어느 토요일 오후 토머스 미드글리(Thomas Midgely, 1889~1994)가 조수인 앨버트 헤네(Albert L. Henne, 1901~1967), 로버트 맥네리(Robert R. McNary, 1903~1988)와 함께 미국 오하이오 주 데이튼(127 North Ludlow Street)에 소재한 'Thomas and Hochwalt Laboratory'에서 발명하였다. 미드글리는 1921년 휘발유 첨가제인 유연 휘발유(tetraethyl lead)를 발명한 사람이기도 하다. 미드글리의 발명품들이 2가지 중대한 환경 재앙을 불러일으켰다

15) Molina, M. J., and F. S. Rowland, 1974 : Stratospheric sink for chlorofluoromethanes : Chlorine atom catalysed destruction of ozone. *Nature*, 249, 810-812.

고 주장하기도 한다.

'General Motor's Frigidaire division'의 대표가 미드글리에게 냉각제, 암모니아, 인화성 물질이며 독성 기체를 대체할 수 있는 독성이 없는 비가연성인 대체 물질을 찾기를 요청하였고, 미드글리와 그의 조수들은 같은 날 CFC-12를 효과적으로 개발하였다. CFC-12와 부차적인 CFCs들은 값이 싸고 비독성, 비가연성, 비폭발성, 불용해성으로 대류권 조건에서는 화학적으로 비반응성을 가지고 있어 인기를 얻었다. 미드글리는 1930년 4월 미국화학회에서 CFC-12를 흡입하여 촛불에 뿜자 불꽃이 꺼지는 것을 시연하여, 그의 발명품이 비독성이며 비가연성 성질을 가지고 있다는 것을 입증했다. 그러나 발명품은 바로 발표되지는 않았다. 제너럴 모터스가 이 발명품에 관련된 화합물 족에 관한 특허권을 얻을 시간이 필요했기 때문이다[16].

1931년, CFC-12는 프레온(Freon)이란 상표명으로 듀퐁 화학 공장(DuPont chemical manufacturer)에서 생산되었다. 이 이름은 미드글리와 그의 조수들이 선택한 것이다. 프레온은 작은 아이스크림 용기 내에서 첫 번째로 사용되었고, 1934년 냉장고와 실내 냉방 장치에 사용되면서 곧바로 실내・자동차 에어컨 시스템에까지 전파되었다. 1932년에는 CFC-11가 생산되어 대형 에어컨 기계에 사용되었다. CFCs는 냉각제가 누수되거나 빼내어질 때 공기 중으로 들어갔다.

1943년 미국 농림부 소속의 과학자인 라일 굿휴(Lyle D. Goodhue, 1904~1981)와 윌리엄 설리번(William N. Sullivan Jr.)은 CFC-11와 CFC-12를 스프레이 캔 속의 추진제로 사용하는 방법을 개발하였다. CFCs는 스프레이 캔 노즐을 통해서 뿜어져 나와 다른 성분을 포함하는 엷은 에어로졸로서

---

16) Bhatti, M. S., 1999 : A historical look at chlorofluorocarbon refrigerants. *ASHRAE Transactions*, 108, 1186-1208.

이동하게 된다. 스프레이 캔은 헤어스프레이, 페인트, 탈취제, 살균제, 광택제, 방충제로 사용된다.

CFC-11과 CFC-12는 폼(foam) 생산에 취입 성형제로도 사용되고 있다. 폼은 단열재, 일회용 컵과 상자, 소화기에 사용된다. CFCs 자체는 폼 생산 과정에서 공기 중으로 방출된다. 폼 내에 존재하는 CFCs는 보통 가두어져 있으므로 대기 CFCs의 중요 생성원은 아니다.

성층권은 하나의 커다란 역전층이기 때문에, 성층권을 통한 오존의 연직 수송은 천천히 이루어진다. 대류권에 존재하는 CFCs 내에 들어있는 염소는 약 10 Mt이며 대류권으로부터 성층권 중부로 염소를 함유한 CFCs가 전달되는 비율은 1년간 약 0.1 Mt이다. 이런 간단한 시나리오에서 대류권에서부터 성층권 중부까지 하나의 CFCs 분자를 전달하는 데 걸리는 평균 시간은 약 100년이다.

CFCs는 성층권에서 원자외선(10~250 nm)에 노출되면 깨어지게 된다. 이러한 현상은 고도 12~20 km 이상의 환경에서 발생한다. 그러한 고도에서 원자외선 파장은 CFC-11와 CFC-12를 광분해시킨다.

25 km에서 최대 햇빛 조건 하에서 광분해되는 CFC-11과 CFC-12의 e-folding 수명은 각각 23일과 251일이다. 평균 수명은 이 값보다 2배 내지 3배이다. 종합적으로, 성층권 내에서 일어나는 CFC 분해에서 제한하는 인자는 지표면에서 대류권 계면까지 수송 또는 성층권 내에서의 광화학적 붕괴가 아니라 대류권 계면에서부터 성층권 중부까지의 수송이다. 지표면에서의 방출과 성층권 중부에서의 파괴 사이에서 CFC-11과 CFC-12의 전체적인 수명은 각각 55년과 116년으로, CFC-12의 수명이 CFC-11보다 더 길다. 부분적인 이유는 CFC-12가 CFC-11보다 깨어지기 전에 더 높은 고도의 성층권까지 올라갈 수 있기 때문이다. 어쨌든 둘 모두 전반적으로

수명이 길기 때문에, 1930년대를 거쳐 1950년대에 방출된 CFCs들은 아직까지 성층권에 존재하고 있다. 오늘날 방출된 CFCs는 21세기 전반까지 대기 중에 머물게 될 것이다.

### 2) 기타 염소 화합물

클로로플로오로카본은 클로로카본의 부분집합으로 탄소와 염소를 함유하는 화합물이다. 하이드로클로로플로오로카본(hydrochlorofluorocarbons, HCFCs)는 클로로카본의 또 다른 부분 집합이다. HCFCs는 적어도 하나의 수소 원자를 가진다는 점을 제외하고는 CFCs와 비슷하다. 수소 원자는 수산화가스와 반응하여 대류권에서 HCFCs를 깨게 만든다. OH(g)는 CFCs를 쉽게 깨지 못한다. HCFCs는 CFCs보다 더 쉽게 깨어지기 때문에, CFCs보다 방출된 HCFCs가 성층권에 도달하는 양은 매우 적다. 그렇지만 HCFCs는 염소를 포함하고 있기 때문에, 성층권에 도달한 HCFCs가 일부에 불과할지라도 성층권 오존에는 여전히 위험하다. 1943년에 처음으로 생산된 HCFC-22는 오늘날 대기 중에 가장 많은 양을 가진 HCFC이다. HCFC-22는 냉각제, 스프레이 캔 추진제, 폼 생산에서의 취입 성형제로 사용되고 있다.

기타 클로로카본에는 4염화탄소, 메틸클로로폼, 염화메틸 등이 있다. 4염화탄소는 CFCs와 HCFCs의 생산에서 중간물질로 사용되며 용제와 곡물 훈증제로도 사용된다. 메틸클로로폼은 탈지제, 세척 용제, 산업 용제로 사용된다. 염화메틸은 아주 작은 양으로 합성되어 생산되고 실리콘과 테트라메틸납 중간물질을 생산하는 데 사용된다[17]. 공기 중에 존재하는 대부분의 염화메틸은 해양에서 이루어지는 생물 기원으로 만들어진다.

대류권 내에 존재하는 또 다른 염소 함유 화합물은 염산가스이다. 염산가스는 인공 생성원보다는 자연 생성원이 더 많다. 자연 생성원은 바다 흩날림(sea-spray)에 의한 염화물의 증발과 화산 분출물을 포함한다. 비록 쓰레기 소각으로 염산가스의 인공적인 배출이 일부 이루어지지만 약 98 %를 차지하는 인공적인 염산가스는 여전히 석탄연소에서 나온다[18].

### 3) 브롬 화합물

염소를 함유하고 있는 화합물이 브롬을 함유하고 있는 화합물보다 더 많지만, 오존을 파괴하는 데 더 큰 영향을 미치는 것은 브롬 화합물이다. 성층권 브롬의 주된 생성원은 브롬화메틸로, 해양에서 생물 기원으로 만들어지며 토양 소독제로 방출된다. 브롬의 또 다른 생성원은 할론이란 용어로 알려진, 합성으로 만들어진 화합물 족(group)이다. 할론은 소화제와 살충제로 사용된다. 가장 일반적인 할론은 H-1301, H-1211, H-2402이다. 브롬화메틸과 할론은 모두 브롬과 탄소를 포함하고 있기 때문에 브로모카본이라 한다.

### 4) 플루오르 화합물

수소, 플루오르, 탄소는 포함하지만 염소와 브롬을 포함하지 않은 화합물

---

17) Singh, H. B., 1995 : Halogens in the atmospheric environment. In *Composition, Chemistry, and Climate of the Atmosphere, Singh*, H. B., ed., Van Nostrand Reinhold, New York.

18) Saxena, P., P. K. Mueller, L. M. Hildemann, 1993 : Sources and chemistry of chloride in the troposphere : A review. In *Managing Hazardous Air Pollutants : State of the Art*. Chow, W. and K. K. Connor, eds., Lewis Publishers, Boca Raton, FL, 173-190.

을 HFCs라 한다. HFCs는 최근 들어 CFCs와 HCFCs의 대체 물질로 만들어지고 있다. HFCs 내의 플루오르는 오존에 대해 별 영향이 없기 때문에 앞으로 생산량이 증가할 것이다. 그러나 HCFCs는 열 적외선 복사를 흡수하기 때문에, 사용이 증가할수록 지구온난화를 증대시키는 데 영향을 끼칠 것이다. 가장 많은 양을 방출하는 HFC는 HFC-134a이다. HFCs와 동족의 화합물은 퍼플루오로에탄(perfluoroethane)와 6플루오로화 황(sulfur hexafluoride) 같은 퍼플루오르카본(perfluorcarbons)이다.

## 6. 남극 오존구멍

스위스의 아로사는 세계에서 가장 오랜 기간 동안의 오존 자료를 보존하고 있는 곳으로 1926년부터 운영되고 있다. 이곳의 오존 자료들을 분석해 보면, 1970년 이후 오존 농도가 수 % 정도 감소하는 경향이 있음을 알 수 있으며 그중에서도 특히 겨울과 봄에 오존층의 고갈이 일어나는 것으로 나타났다.

남극에서 측정된 자료는 아로사 자료보다 짧은 기간의 자료로 대부분 1956년부터 측정되기 시작하였다. 1957~1958년의 국제 지구물리년(IGY)의 일환으로 많은 관측소가 이 시기 전후에 설치되었기 때문이다. 돕슨 오존 분광 광도계를 사용하는 관측소들은 아르젠틴 섬[19]과 핼리 기지에 설치되어, 중단 없이 현재까지 계속 오존 농도를 측정하고 있다. 1960년대에는 더 많은 관측소가 설치되어 현재까지 운영되고 있다. 이때에 설치된

19) 후에 패러데이 기지로 명명되었고 현재는 베르나드스키 기지로 불림.

관측소들은 미국의 아문센-스코트 기지, 킹 바우도우인 기지, 바이르드 기지, 헬렛 기지 그리고 일본의 쇼와 기지이다. 1970년대에는 극궤도 위성을 이용한 오존 측정을 시작으로 현재까지 다양한 위성들이 오존 측정을 계속하고 있다. 일부 관측소는 화학존데를 사용하여 오존의 연직 분포 측정을 수행하고 있다. 이외의 방법으로 움케르 기법(Umkehr technique)이 있는데, 이 기법은 지상에서 오존의 연직 분포를 측정하는 방법이다[20].

헬리베이 관측소는 장기간의 관측으로 오존 농도의 측정 자료가 풍부하고 그 위치 또한 겨울 한대 소용돌이가 발생하는 곳이기 때문에 남극 오존구멍을 관측하기에 최적의 장소이다[21]. 남극 상공의 전체 오존 기둥의 계절 패턴은 겨울 극 둘레 소용돌이의 발달 및 쇠퇴와 연관성이 있다.

역사적으로 오존 농도 값은 겨울 시작 무렵(남극의 3월)에 약 300 DU이고 끝날 무렵에도 거의 비슷한 농도 값을 나타내었다. 겨울 동안 열대 지방에서 발생한 오존이 남극 쪽으로 수송되어 소용돌이 바로 바깥쪽인 극 둘레 벨트 내에 축적된다. 극 둘레 벨트(남위 40~60°) 내에서 오존은 보통 500 DU가 넘는 고농도 값을 나타낸다. 봄(10월)에 한대 소용돌이가 파괴되면 농도가 높은 오존 기둥이 존재하는 이 극 둘레 벨트의 공기가 남극 쪽으로 일순간 휩쓸려간다. 이 공기는 남극 지역에서도 중앙 태평양과 접해 있는 지역에 맨 처음 도달하고 대서양과 접해 있는 지역에는 가장 늦게 도달한다. 이때에 가장 높은 값인 450 DU를 능가하며, 그런 다음 천천히 감소하여 여름과 가을에는 오존 농도 값이 300 DU로 되돌아온다.

---

20) Shanklin, J. D., 2001 : Back to basics : The ozone hole. *Weather*, 56, 222-230.

21) Farman, J. C., B. G. Gardiner and J. D. Shanklin, 1985 : Large losses of total ozone in Antarctica reveal seasonal ClOx/NOx interaction. *Nature*, 315, 207-210. Solomon, S., 1999 : Stratospheric ozone depletion : A review of concepts and history. Rev. Geophys., 37, 275-316.

1970년대 중반 이후 남극 상공에 독특한 대기 움직임이 증가하는 것으로 나타나 남극 오존구멍임이 밝혀졌다. 겨울이 끝날 무렵 측정한 오존의 농도는 1970년대에서 측정된 값보다 10% 정도 낮았고, 이후 하루 약 1%씩 감소하여 9월 말경에는 약 100 DU에 도달했다가 서서히 복원되었다. 반면 성층권의 봄철 온난화는 보통 11월 말이나 12월까지 지연되어 나타났다. 현재 봄철 온난화 기간 동안의 극값은 오존구멍이 생성되기 전보다 대체로 낮게 나타난다. 1970년대 초반의 늦은 봄과 이른 여름에 오존 전량의 감소가 뚜렷하게 나타났고, 1980년대부터는 10월에 대단히 작은 값이 존재하는 것을 볼 수 있다.

오존 농도의 연직 분포는 화학존데를 풍선에 매달아 대기 중에 띄우면 화학존데가 하늘로 올라가면서 측정된다. 여기에 가장 보편적으로 사용되는 기법은 오존 농도에 비례하여 전류를 발생시키는 요오드화칼륨 농축 전지에 공기를 통과시켜 공기 거품을 만들어 농도를 측정하는 것이다. 이러한 화학존데로 측정한 오존 농도의 연직 분포를 분석해 보면, 오존 농도는 대류권 내에서는 낮게 나타나지만 대류권 계면에서부터 가장 높은 값을 가지는 17~22 km까지 도달하는 동안에는 일반적으로 증가하고, 22 km 이상 고도에서는 떨어진다. 봄철 오존 층 고갈 기간에는 고도 12~20 km에서 오존이 대부분 없어져 이 층 내의 오존층이 모두 파괴된다. 오존 농도는 고도 20 km에서 가장 높게 나타나지만 단파 태양복사는 이보다 더 높은 50 km 고도에서 가장 많이 흡수된다. 이 때문에 성층권의 상층부에 온도가 가장 높은 것이다.

남극 오존구멍의 발달을 조절하는 메커니즘은 겨울 한대 소용돌이의 역학과도 연관된다. 겨울 동안 성층권의 온도는 -80℃까지 내려가며 이 온도에서도 구름을 형성할 수 있다. 남극반도를 따라 설치되어 있는 관측소에 근무하는 관측자들은 늦은 겨울 동안 정기적으로 이러한 구름들을 볼 수 있다. 이 구름은 남극반도의 산맥에 의해 풍하 측에 형성되는 산악파에 의해서 생성되는 것으로 이를 자개구름 또는 진주모운이라 부른다. 더 남쪽에 위치하는 관측소에는 때때로 이 구름이 초권운(ultra-cirrus)으로 보고된다. 이 구름은 전 하늘에 엷은 우윳빛 베일이 덮고 있는 것처럼 나타난다. 때때로 야광운과 비슷한 구름들이 보고되기도 하는데 그러한 중간권 구름들도 남극 겨울에 나타날 수 있는 가능성이 있으므로 이러한 보고는 더 많은 조사를 필요로 한다. 자개구름이 형성될 경우 구름 표면에서는 화학반응이 발생한다. 이 반응으로 질소와 물은 고정되며 염소와 브롬[22)]은 활성 형태로 유리된다. 이들은 햇빛에 노출되면 촉매 반응을 일으켜 오존을 급격히 파괴하는 결과를 낳는다[23)].

위성 영상 사진은 전 세계의 오존 농도 분포와 강한 겨울 성층권 소용돌이 내에서 오존구멍이 생성되는 모습을 보여 준다[24)]. 전 세계적으로 오존의 양은 일반적으로 적도에서 가장 낮으며 아한대 위도에서 가장 높다. 한대 소용돌이는 장애물로 기능하기 때문에 이 주변의 아한대 위도에 오존 농도가 높은 공기들이 축적된다. 소용돌이 내에는 오존 고갈이 심해지는데 그 이유는 대단히 한랭한 소용돌이 내에서 형성된 한대 성층권 구름의 표면에서 일어나는 화학반응 때문이다. 극 둘레 소용돌이가 강해지면 오존구멍은 개략적으로 둥글어지지만(그림 4-12 참조), 소용돌이가 약해지면 타원형으로 나타나고(그림 4-13 참조) 보통 극에서부터 대서양 쪽으로 갈라지는 모양을 보인다.

---

22) 염소와 브롬은 CFCs, 할로겐 그리고 여러 유사한 화학물질로부터 나온다.

23) Toon, O. B. and R. P. Turco, 1991 : Polar stratospheric clouds and ozone depletion. *Sci. Am.*, **264**, 40-47.

24) http://www.nerc-bas.ac.uk/public/icd/jds/ozone

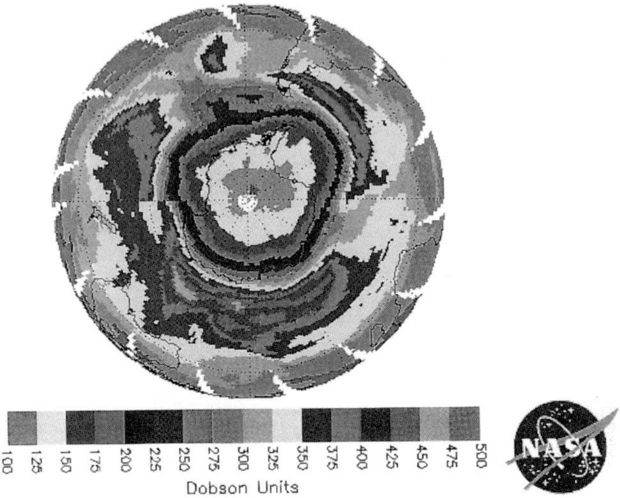


**그림 4-12** 1999년 10월 1일 오존구멍을 보여주는 위성 영상.(출처 : Shanklin, 2001)

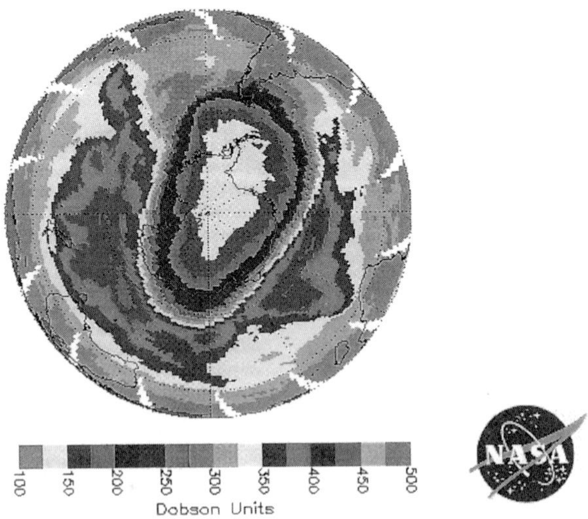


**그림 4-13** 1998년 10월 21일 남미 쪽으로 확장되는 오존구멍을 보여주는 위성 영상.
(출처 : Shanklin, 2001)

이 시기에 소용돌이의 북쪽 가장자리는 북쪽으로 확장되어, 대서양 구역에서는 남위 50°까지 도달할 경우 남미의 남부 지방과 남극 주변 섬들의 주민들이 심각한 UV 노출로 위험에 처하게 된다. 소용돌이의 파동 회전 주기는 보통 2주일 정도이다. 이 주기를 이용하면 그러한 지역의 위험 기간을 대체적으로 예보할 수 있다. 소용돌이가 온난화되면, 구름이 사라지고 화학적인 고갈은 멈춘다. 이보다 더 심해지면, 소용돌이는 깨어지기 시작하고 오존을 많이 포함한 아한대 공기가 일순간 남극대륙을 횡단하여 휩쓸려가게 된다.

성층권 온도가 더 낮아지면 어떤 장소의 전체 오존 기둥은 이에 강하게 반응한다. 이런 관계를 최초로 설명한 사람은 1951년 미국 기상학자인 리처드 리드(Richard Reed, 1922~ )와 스코틀랜드 기상학자인 찰스 노만드(Sir Charles Normand, 1889~1982)이다[25]. 10월에서 12월까지 3개월 동안 남극 상공의 100 hPa 평균 온도는 30년 전 온도보다 두드러지게 낮게 나타난다. 이 이유는 지연된 봄철 온난화와 성층권 하층의 오존 양과의 결합 때문이다.

돌이켜 보면 오존 고갈의 맨 처음 징후는 1970년대 중반에 나타났다. 그러나 1980년대 초반까지는 주목할 만한 변화가 나타나지 않았다. 오존구멍은 더 커지고 더 오랫동안 지속되었다. 덧붙여 늦은 봄에 최대로 나타나는 오존 감소는 가을에 오존 고갈의 징후로 나타났다. 1990년대 후반 동안 오존구멍은 최대로 깊어졌고, 대기권 내의 취약한 곳에서 이런 현상은 거의 완벽한 오존 파괴를 반영하는 것이었다.

오존구멍이 최대로 확장되었을 때, 오존구멍의 크기와 깊이는 거의 절정에 도달하였다. 2000개의 오존구멍을 조사해 본 결과 가장 큰 경우 오존구멍

---

25) Craig, R. A., 1965 : *The upper atmosphere : Meteorology and physics*. Academic Press, New York and London.

의 면적은 $28.4 \times 10^6\ km^2$에 달하였다. 오존구멍의 크기는 극 둘레 소용돌이에, 극 둘레 소용돌이는 남극대륙의 크기에 제한받는다. 오존구멍의 깊이는 성층권 구름이 형성되기에 충분한 온도로 낮아지는 고도 범위에 제한을 받는다. 몬트리올 의정서에 너무 집착하고 대기권에 어떠한 다른 변화도 존재하지 않아 1970년 상황 이전으로 되돌아가는 것이 매우 느리다는 것을 알 수 있다.

몬트리올 의정서는 성층권에 유입되는 연소와 브롬의 총량을 감소시키기 위한 국제적인 합의이다. 염소와 브롬은 CFCs와 할로겐의 형태로 성층권까지 많은 양이 도달한다. CFCs와 할로겐은 대류권에서는 에어로졸, 냉동, 포말과 연소 과정에서 유리된다. 이들이 성층권에 머물러 있는 기간은 약 50년이기 때문에, 1970년 이전의 상태로 되돌아가기 위해서는 그만한 시간이 소요될 것이다. 의정서는 1987년 9월에 처음 작성되었고 그 후 설득력 있는 논리들이 부차적으로 수행되었다. 원래의 합의 사항은 1999년까지 CFCs의 사용을 중단하는 것이었고 1990년에 2000년까지 완전히 CFCs의 사용을 금지하는 것으로 합의하였다. 선진국들은 이 시한 전에 목표를 달성하고 다른 오존 고갈 화학물질들의 생산을 20세기가 되기 전에 중단하였다. 개발도상국들은 생산 중단 기간이 좀 더 허용되었고 일부 국가들은 계속적인 생산할 수 있는 이점을 가지게 되었다. 이 의정서는 21세기에 대기 중으로 최대로 유입되는 할로겐(즉, 염소와 브롬)의 시기를 지연시켰다[26].

그러나 다른 변화들이 대기 중에 일어나고 있다. 특히 온실기체의 수준이

---

26) United Kingdom Stratospheric Ozone Review Group, 1996 : *Stratospheric ozone*. World Meteorological Organization, 1998 : *Scientific assessment of ozone depletion*. World Meteorological Organization Global Ozone Research and Monitoring Project, Report No. 44, Geneva.

증가하고 있다. 이들 온실기체들은 대류권 하층을 온난화시킬 뿐만 아니라 성층권 하층은 한랭화시킨다. 이런 현상은 성층권 구름을 형성하여 오존이 고갈되는 기간을 늘리고, 21세기 중반까지 남극 오존구멍을 회복하고자 하는 우리의 노력을 연장시킨다. 그리고 다음 20년 후 북극 오존구멍이 생성될 가능성을 높인다. 현재 북반구 한대 소용돌이는 비교적 약하여, 남극과는 달리 보통 1월과 2월에 깨어진다. 북반구에서 진행되는 오존 양의 감소와 온실기체의 농도 증가 현상이 결합되면 북극 상공의 성층권을 한랭화시킬 것이다. 더 한랭화된 성층권과 적도, 극 사이의 증가된 온도 경도는 극 둘레 소용돌이를 강화시켜 소용돌이를 안정시킬 것이다. 이러한 상황은 오랫동안 지속되기 때문에, 봄철 온난화는 지연되고 성층권 구름들이 봄철에 나타나 광화학반응을 일으켜 오존을 급격히 파괴할 것이다.

또한 다른 짧은 기간의 사건들도 오존층에 영향을 미친다. 우주 왕복선 발사는 성층권을 교란하지만 효과가 곧 사라진다. 1991년 수 $km^3$의 화산 물질을 배출한 필리핀의 피나투보 화산과 같은 거대한 화산 폭발은 수년간 오존층에 영향을 미치고 일부 오존층의 고갈을 야기할 수 있다. 그러나 보통 이런 화산 폭발이 성층권 구름에 영향을 미치지는 않는다. 남극 오존 고갈이 가장 크게 나타난 해는 1992년이지만, 혼탁도 측정에 의하면 배출된 화산 물질들은 1990년대 중반에 크게 없어진 것으로 나타났다.

## 7. 자외선 복사 양의 증가가 생명체와 생태계에 끼치는 영향

성층권 오존층이 없다면, 대기권 꼭대기에 입사되는 대부분의 자외선은 지구 표면까지 투과되어 짧은 시간에 박테리아, 원생동물, 조류, 균류, 식물, 동물을 파괴할 것이다. 다행히 오존층은 거의 모든 UV-C를 흡수한다. 오존은 또한 거의 대부분의 UV-B를 흡수하지만 일부는 지표면까지 투과된다. UV-B 복사는 인간과 동물의 건강, 시표면 생태계, 수성 생태계, 생물지질화학적인 순환, 대기 질, 물질 등 다방면에 영향을 미친다[27].

## 1) 인간에 대한 영향

UV-B 복사가 증가하면, 인간의 피부, 눈, 면역체계에 영향을 미칠 가능성이 있다. UV-B에 영향을 받는 피부층은 표피와 각질층이다. 눈의 경우 각막, 홍채, 수정체가 UV-B에 영향을 받는다. 면역체계에서는 표피를 통해 이동하는 랑거한스 세포들이 가장 큰 피해를 보게 된다.

### (1) 피부에 대한 영향

UV-B 복사가 피부에 끼치는 영향은 피부 착색 정도에 따라 그 심각성이 다르게 나타난다. 호모 사피엔스 사피엔스(Homo sapiens sapiens)[28]로 진화되는 동안, 적도 아프리카에 살고 있던 인간은 UV 복사에 대항하여 피부를 보호하고자 멜라닌을 함유한 검게 착색된 피부로 발달하였다. 인간들이 기온이 적도보다 상대적으로 한랭한 더 높은 위도로 이주함에 따라, 검은 피부색은 피부 속에서 비타민 D를 만드는 데 유용한 햇빛을 덜 받게 되었

27) United Nations Environmental Program(UNEP), 1998 : Environmental effects of ozone depletion : 1998 assessment. Hader, D.-P., H. D. Kumar, R. C. Smith, R. C. Worrest, 1998 : Effects on aquatic ecosystems. *J. Photochem. Photobiol. B : Biology*, 46, 1-4.

28) 현생 인류로 분류되는, 호모 사피엔스의 아종을 말한다.

다. 그러므로 극 쪽으로 이주한 사람의 피부는 자연도태에 의해 더 밝게 되었다[29].

주민들이 아시아를 횡단하여 북미로, 또 적도, 남미 쪽으로 내려감에 따라, 다시 멜라닌의 생산이 장점이 되었다. 적도 부근에 살고 있는 남미 사람들은 적도 부근에 살고 있는 아프리카 사람들보다 약간 더 밝은 피부를 가지고 있는데 이는 전자의 주민들이 후자만큼 강한 적도 자외선 복사에 노출되지 않았다는 것을 암시한다. 최근 세대에서 북위 50°~60°의 북반구 유럽과 같은 고위도에 살았던 조상을 가진 밝은 피부를 가진 주민의 일부는 남위 15°~35°의 남아프리카, 오스트레일리아, 뉴질랜드와 같은 저위도로 이주하였다. 오존 감소 때문에 UV-B 복사가 증가하자 밝은 피부를 가진 주민들의 피부는 많이 민감해져 피부 관련 문제가 증가하였다.

인간 피부에 대한 UV-B의 효과는 햇볕에 탐(sunburn), 홍반(erythema), 광 피부노화(photoaging), 피부암(skin cancer)이다. 햇볕에 타는 증상은 피부가 벌겋게 되는 것으로 증상이 심해져 고동색으로 변하는 것까지 포함한다. 햇볕에 타는 것에 대한 민감도는 피부 형태에 달려 있다. 가장 민감한 피부를 가진 사람들은 1시간 안에 '중간'에서 '심한' 정도까지 햇볕에 탄다[30]. 검게 착색된 피부는 보통 햇볕에 가장 저항적이고 UV-B에 대한 부수적인 노출이 있는 경우 아주 깊게 착색된다.

햇빛, 특히 UV-B 복사에 오랫동안 노출이 되어 피부노화가 가속화되는 것을 광 피부노화라 한다. 피부 탄력성이 손실되고 주름이 많아지며, 착색이 엷어지고, 콜라겐과 결합 조직 내의 섬유질 단백질이 감소한다.

---

29) Leakey, R. E. and R. Lewin, 1977 : *Origins*, MacDonald and James, London.

30) Longstreth, J., F. R. de Gruigj, M. L. Kripke, S. Abseck, F. Arnold, H. I. Slaper, G. Velders, Y. Takizawa, and J. C. van der Leun, 1998 : Health risks. *J. Photochem. Photobio;. B : Biology*, 46, 20-39.

피부암은 밝은 피부색을 가진 사람에게 나타나는 가장 일반적인 암이다. 피부암에는 3가지 유형이 있는데, 기저세포암(basal cell carcinoma; BCC), 편평세포암종(squamous cell carcinoma; SCC), 피부흑색종(cutaneous melanoma; CM)이 그것이다. 피부암의 약 79 %는 BCC이고, 19 %가 SCC, 2 %가 CM이다. BCC는 피부의 깊은 곳에 존재하는 기저 세포에 발달하는 종양으로, 발달하면 피부 밖으로 나와 크게 자란다. BCC는 거의 퍼지지 않기 때문에 외과 수술 또는 방사능 처치로 제거할 수 있고 치사율이 없다. SCC는 피부의 바깥쪽에 존재하는 편평 세포에 발달하는 종양으로 붉은 점 형태로 나타난다. SCC는 퍼질 수 있지만 외과 수술 또는 방사능 처치로 쉽게 제거할 수 있기 때문에 치사율이 적다. CM은 피부가 검게 착색되는 것으로 피부 속에서 착색 멜라닌을 만드는 멜라닌 형성 세포에서 발생하는 악성 종양이다. CM 종양은 빠르게 퍼지며 검고 불쑥 나온 덩어리가 피부 어느 곳에서든 나타날 수 있다. CM은 발생하면 1/3이 사망하는 치명적인 종양이다. 북유럽과 같은 일부 지역에서는 CM이 적어도 SCC만큼 일반적으로 발생한다. 피부암에 대한 감수성은 피부 착색 정도와 노출의 조화에 달려 있다. 민감한 피부를 가진 사람은 일생 동안 UV-B에 노출될 필요가 없는 사람은 피부암으로 발달한다. 피부암 발생률은 고위도로부터 저위도로 가면서 증가한다.

(2) 눈에 대한 영향

홍채와 수정체를 감싸고 있는 각막은 눈에서 UV-B에 의해 파괴될 수 있는 가장 민감한 조직이다. UV-B 복사가 수정체를 통과하여 수정체 뒤에 있는 조직인 유리질 액 또는 망막을 투과하는 일은 거의 없다. UV-B와 관련된 가장 일반적인 눈 문제는 광각막염(photokeratitis) 또는 설맹(snowblindness)

으로, 염증 또는 눈동자가 충혈되는 것이다. 다른 증상은 심한 고통, 눈물 흘리기, 빛의 회피, 경련 등이다[31]. 이러한 증상들은 스키 타는 사람뿐만 아니라 빛을 많이 반사하는 해변 또는 외부 장소에서 오랜 시간을 보내는 사람에게서 두드러지게 나타난다. 공공 비용적인 측면에서 보면 UV-B 복사와 관련된 가장 비싼 눈병은 백내장(cataract)이다. 이것은 수정체의 투과도가 퇴행적으로 손실되는 것으로 손상된 수정체가 복원되지 않으면 실명하는 병이다. 전 세계적으로 백내장이 실명을 일으키는 선도적인 역할을 한다. 가장 심각한 눈병은 각막에 영향을 미치는 편평세포암종과 홍채와 관련 조직에 영향을 미치는 악성흑색종(ocular melanoma)이지만 다행히도 널리 퍼져 있지는 않다.

### (3) 면역체계에 대한 영향

인간의 피부는 감염에 대항하여 수많은 세포를 만들어 낸다. UV-B 복사가 많아지게 되면 이들 세포들이 서로 억제되어 종양이나 감염에 대한 저항을 떨어뜨리게 된다. UV-B에 반응하여 면역 반응이 억제되는 대표적인 병은 포진(herpes), 결핵, 나병, 선모충증(trichinella), 간디다증(candidiasis), 리슈만편모충증(leishmaniasis), 리스테리아병(listeriosis), 라임병(Lyme disease)이다[32].

---

31) Longstreth, J., F. R. de Gruigj, M. L. Kripke, S. Abseck, F. Arnold, H. I. Slaper, G. Velders, Y. Takizawa, and J. C. van der Leun, 1998 : Health risks. *J. Photochem. Photobio;. B : Biology*, 46, 20-39.

32) Longstreth, J., F. R. de Gruigj, M. L. Kripke, S. Abseck, F. Arnold, H. I. Slaper, G. Velders, Y. Takizawa, and J. C. van der Leun, 1998 : Health risks. *J. Photochem. Photobio;. B : Biology*, 46, 20-39.

### 2) 미생물, 동물, 식물에 대한 영향

UV-B 복사가 증가하면 다양한 방법으로 미생물과 동물, 식물에 영향을 미치게 된다. 해수면 위에 살고 있는 식물 플랑크톤은 UV-B에 매우 민감하여, 성장이 더뎌지고 생식에 문제가 생기며, 효소와 색소 양을 수확하는 광합성 에너지의 변화를 일으킨다[33]. 이들 미생물들은 먹이사슬의 거의 끝부분에 위치하고 있기 때문에, 그들의 죽음은 상위의 생물체에도 영향을 미친다. 태양에 노출을 피할 수 없는 조류와 해초는 또한 UV-B에 의한 손상에 민감하다.

동물도 인간과 마찬가지로 여러 UV-B 피해에 영향을 받기 쉽다. 편평세포암종이 고양이, 개, 양, 염소, 말, 소에서 발견되고 있다. 발생 부위는 눈꺼풀, 코, 귀, 꼬리와 같은 보호받을 수 없는 피부이다[34]. 어류에게는 백내장과 피부 병변이 발견되고 있다[35].

농작물에 대한 UV 피해는 종과 받아들이는 농작물의 능력에 따라 다르다. UV-B는 일부 농작물의 경우 DNA에 영향을 미치고 다른 농작물에게는 대체로 광합성률에 영향을 미친다. 많은 농작물에서는 UV-B가 라이프사이클 타이밍, 식물형, 식물 화학물질의 생산에 변화를 준다[36]. UV-B가

---

33) Hader, D.-P., H. D. Kumar, R. C. Smith, R. C. Worrest, 1998 : Effects on aquatic ecosystems. *J. Photochem. Photobiol. B : Biology*, 46, 53-68.

34) Hargis, A. M., 1981 : A review of solar induced leisons in domestic animals. *Compend. Contin. Educ.* 3, 287-300.

35) Mayer, S. J., 1992 : Stratospheric ozone depletion and animal health. *Vet. Rec.* 131, 120-122.

36) Caldwell, M. M., L. O. Bjorn, J. F. Bornman, S. D. Flint, G. Kulandaivelu, A. H. Teramura, and M. Tevini, 1998 : Effects of increased solar ultraviolet radiation on terrestrial ecosystems. *J. Photochem. Photobiol. B : Biology*, 46, 40-52.

식물들이 병충해에 취약해지게 만들기도 한다. 일부 식물의 농작물 산출은 UV-B의 증가로 영향을 받지만 아닌 경우도 있다.

### 3) 전 세계 탄소와 질소 순환에 대한 영향

UV-B 복사의 변화는 전 세계 탄소와 질소 순환에도 영향을 미친다. UV-B는 식물 플랑크톤을 파괴시켜 이들이 소비하는 이산화탄소의 양을 줄이게 한다. 또한 UV-B는 죽은 식물 물질의 광분해를 향상시켜 이산화탄소가 다시 공기로 방출되는 양을 증가시킨다. UV-B는 또한 시커멓게 탄 식물로부터 방출되는 일산화탄소의 양을 증가시킨다[37]. 질소 순환의 관점에서 보면, UV-B는 시아노박테리아(cyanobacteria)에 의한 질소 고정률에 영향을 미친다[38].

### 4) 대류권 오존에 대한 영향

UV-B 복사가 증가하면 오존, 이산화질소, 포름알데히드, 과산화수소, 아세트알데히드, 아세톤과 같은 UV-B를 흡수하는 기체의 광 해리율도 증가된다. 이산화질소, 포름알데히드, 아세트알데히드의 광 해리율의 증가는 자유 대류권 오존 형성률을 향상시킨다[39].

---

37) Zepp, R. G., T. V. Callaghan, and D. J. Erickson, 1998 : Effects of enhanced solar ultraviolet radiation on biogeochemical cycles. *J. Photochem. Photobiol. B : Biology*, 46, 69-82.

38) Hader, D.-P., H. D. Kumar, R. C. Smith, R. C. Worrest, 1998 : Effects on aquatic ecosystems. *J. Photochem. Photobiol. B : Biology*, 46, 53-68.

39) Tang, X., S. Madronich, T. Wallington, and D. Calamari, 1998 : Changes in tropospheric composition and air quality. Hader, D.-P., H. D. Kumar, R. C.

반면 성층권의 오존이 감소하여 자유 대류권에 도달하는 UV-B 복사가 증가할 경우, 에어로졸이 증가된 도시 공기는 UV-B 복사를 감소시킬 수도 있고 증가시킬 수도 있다. 오염공기 내에서 UV-B 복사가 감소되면 오존 형성이 약해진다. 만약 UV-B가 증가하면 그 반대의 현상이 일어난다.

## 8. CFCs의 규제

오존에 대한 CFCs의 효과에 대한 최초의 가정은 1974년 6월 몰리나와 롤런드에 의해 이루어졌다. 1974년 12월 초, 이 문제를 더욱더 연구하고 미국 환경보호청에 CFCs를 규제하도록 요청하고자 미국 상원에 법률이 제출되었으나 시행되기도 전에 폐기되었다. 1975년 상원은 위원회를 구성하여 즉각적으로 CFCs의 주요 생성원인 스프레이 캔에 CFCs 또는 대체화합물이 포함되었는지의 여부를 알리는 라벨을 부착하도록 권고하였다.

1976년 미국 국립 과학원은 CFCs 방출이 장기간에 걸쳐 성층권 오존의 6~7.5 %를 감소시키면 지상에 도달하는 자외선의 양은 12~15 % 증가할 수 있다는 보고서를 발표하였다. 이 보고서에 근거하여, 미국 식약청(FDA)과 환경청(EPA), 소비자제품안전위원회(CPSC)는 스프레이 캔에서 CFCs를 퇴출시키기로 하는 공동 결정을 발표하였다. 1978년 10월부터 스프레이 캔용 CFCs의 생산과 판매가 미국에서 금지되었다. 그 당시 미국은 전 세계 스프레이 캔에 사용되는 CFCs 생산의 절반을 담당하고 있었다.

스프레이 캔에 대한 CFCs 사용을 금지함으로써 전반적인 CFC 배출은

---

Smith, R. C. Worrest, 1998 : *Effects on aquatic ecosystems. J. Photochem. Photobiol. B* : *Biology*, 46, 83-95.

감소하였지만, 다른 생성원으로부터는 여전히 CFCs가 배출되었기 때문에 대류권 내의 CFCs의 혼합비는 계속 증가하였다. 1970년대와 1980년대 동안 냉장고와 폼 생산용 그리고, 용제로서의 CFCs의 사용은 증가하였다. 피해를 제한하기 위해서는 모든 형태의 생성원으로부터 CFCs 배출을 줄일 필요가 있다. 1980년 미국 환경보호청은 냉장고에서 CFCs의 배출을 제한하도록 규제할 것을 제안하였지만, 대통령이 바뀌면서 좌절되었다.

국제적으로는 1985년 3월 CFCs를 논의하기 위해 오존층 보호를 위한 비엔나 협약(Vienna Convention for the Protection of the Ozone Layer)이 이루어졌다. 처음에는 20개국이 이 협약에 서명하였고, 서명한 국가는 CFCs 배출 저감에 책임을 지고 오존에 대한 CFCs의 효과를 더욱더 연구하기로 합의하였다. 1987년 9월 2번째 국제 협정인 몬트리올 의정서(Montreal Protocol)는 CFCs와 할론의 생산을 제한하는 협정에 대해 초기에 27개국이 서명하였다. 몬트리올 의정서는 런던 개정서(1990), 코펜하겐 개정서(1992), 몬트리올 개정서(1997)로 변경되었다. 개정서의 목적은 CFCs의 완전 퇴출을 가속화하는 것이었다. 1992년 코펜하겐의 개정서는 또한 1994년까지 할론의 퇴출, 1996년까지 카본 테트라클로라이드(carbon tetrachloride)와 메틸 클로로폼(methyl chloroform)의 퇴출, 1996년까지 특정한 값으로 HCFC 생산의 동결을 선언하고 있다.

몬트리올 의정서와 그 후의 개정서, 스프레이 캔에서 CFCs의 사용을 금지 시킨 이전의 규제로 CFCs 배출을 획기적으로 감소되었으며 이에 상응하여 HCFCs와 HFCs의 배출은 증가하였다. 1931년부터 1998년까지 보고된 회사에서 생산된 CFCs 배출 상황을 보면, 11개 주요 제조 공장을 포함해 보고된 회사들은 전 세계 CFCs 생산량의 40 %, 전 세계 HCFC-22의 생산량의 90 %, 다른 HCFCs와 모든 HFCs의 전 세계 생산량의 100

%를 차지하고 있다. 나머지 CFCs와 HCFC-22의 대부분은 러시아와 중국에서 생산되었다.

특히 1990년대에 HCFCs와 HFCs의 배출이 증가되었다. 비록 HCFCs가 CFCs보다 대류권에서 더 쉽게 붕괴되지만, HCFCs는 여전히 염소를 포함하고 있으며 그중 일부는 성층권까지 도달하여 오존층을 파괴한다. 그러한 잠재적 위험성 때문에, HCFCs 생산율은 코펜하겐 개정서에서 동결되었다. HFCs는 염소를 포함하고 있지 않으며 오존층에 위협을 가할 수 있는지에 대해서도 알려져 있지 않지만, 열 적외선 복사를 많이 흡수함으로써 지구온난화에 기여하고 있다.

CFCs 배출이 몬트리올 의정서에 의해서 감소했기 때문에, CFC-11의 대류권 혼합비 또한 감소하였고 그림 4-14(a)에서 보는 바와 같이 CFC-12의 혼합비도 떨어졌다. 그림 4-14(b)에서 보면, 부수적으로 카본 테트라클로라이드가 감소하였고 메틸 클로로폼은 획기적으로 감소하였다. 그림 4-14(b)와 (c)에서 보면, HCFC-22, HCFC-141b, HCFC-142b, HFC-134a의 혼합비는 1990년대에 예상대로 증가하였다. 왜냐하면 이들 종의 배출량이 같은 기간 증가했기 때문이다.

대류권 내의 CFCs의 혼합비보다 성층권 내의 CFCs 혼합비가 약간 지연되기 때문에, 성층권 오존층은 2050년까지 완전히 복구되지 못할 것으로 예상된다[40]. 따라서 매년 발생하는 남극 오존구멍 또한 수십 년 동안 사라지지 않을 것으로 예상된다.

---

40) World Meteorological Organization, 1998 : *Scientific assessment of ozone depletion.* World Meteorological Organization Global Ozone Research and Monitoring Project, Report No. 44, Geneva.

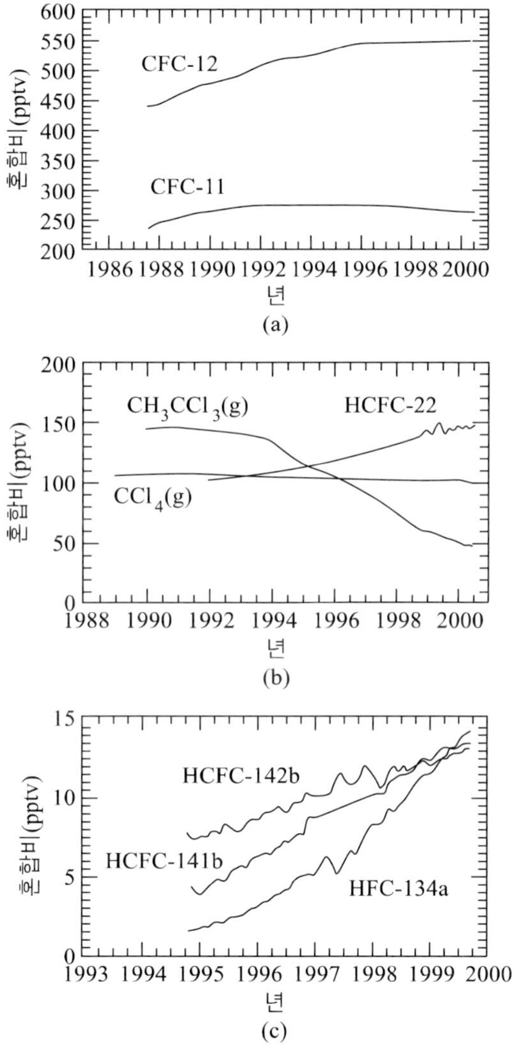


**그림 4-14** 1987년 이후 하와이 주 마우나로아 관측소에서 측정된 여러 가지 염소 가스(a와 b)들의 혼합비 변화와 1994년 이후 아일랜드 메이스 헤드에서 관측한 플루오르 가스들의 혼합비 변화(c).(출처 : WMO, 1998)

성층권 오존구멍을 예견한

# 마리오 호세 몰리나

Mario José Molina, 1943~

멕시코 태생의 대기화학자. 오존층의 약화가 CFCs에 의해서 이루어진다는 것을 발견하여 1995년 노벨 화학상을 공동 수상하였다.

멕시코 대기화학자인 마리오 호세 몰리나 교수는 파울 크뤼첸(Paul Crutzen, 1933~ )[41], 셔우드 롤런드(Frank Sherwood Rowland, 1927~ )와 함께 1995년 노벨 화학상을 공동 수상하였다. 그들은 클로로플루오르탄소(chlorofluorocarbons; CFCs) 화합물로부터 오존층이 위협받을 수 있다는 것을 인식시킨 공로로 이 상을 받았다.

마리오 몰리나는 1943년 3월 19일 멕시코시티에서 법률가인 아버지 로베르토 몰리나 파스꾸엘(Roberto Molina Pasquel)과 어머니 레오노르 헨리꾸에즈(Leonor Henriquez)의 아들로 태어났다[42]. 그는 스위스의 기숙학교에서 교육을 받은 후 멕시코시티에서 초등학교와 고등학교 교육을 받고, 멕시코시티에 소재한 멕시코 국립 대학교(Universiad Nacional Autonoma de Mexico)에 입학하여 1965년 화공학 학사학위를 받고 졸업하였다. 1967년 그는 독일 프라이부르크 대학교(University of Freiburg)에서 석사학위를 취득하였고 박사학위는 1972년 캘리포니아 대학교 버클리 분교(University of California at

41) 네덜란드의 화학자.

42) http://nobelprize.org/chemistry/laureates/1995/molina-autobio.html

Berkely)에서 받았다. 그의 지도교수 중의 한 사람이 셔우드 롤런드였다. 버클리에서 수학하는 동안 몰리나는 동료 대학원생이었던 루이자 탠(Luisa Tan)을 만나 결혼하였다.

그는 멕시코 국립 대학교, 캘리포니아 대학교 얼바인 분교(University of California at Irvine), 그리고 1982년부터 1989년까지 파사데나에 소재한 캘리포니아 공과대학의 제트 추진 연구소에서 강의와 연구 자리를 얻었다. 1989년 그는 매사추세츠 공과대학(Massachusetts Institute of Technology; MIT)의 지구, 대기와 행성 과학과와 화학과로 자리를 옮겼다. 그는 1997년 MIT 연구소 교수로 임명되었다.

오존층에 무슨 일이 일어날 것이라는 최초의 경고는 1970년경에 등장하였다. 이것은 과학자들의 관심을 끌었고, 1974년 몰리나와 롤런드는 과학 잡지인 『네이처』에 CFCs 화합물의 화학적인 특성에 대한 연구 논문을 발표하였다. 그 당시 CFCs는 스프레이 캔의 포사 액, 냉장고, 에어컨, 냉동 장치의 냉매제, 플라스틱 성형제 등으로 널리 사용되고 있었다.

몰리나와 롤런드는 매우 오랜 기간 동안 이러한 안정된 화합물이 대류권 계면까지 얼마 동안 횡단할 수 있는지 계산하였고, 성층권 내에 이러한 화합물이 유입된다면 CFCs 분자들이 자외선 복사에 노출되어 분리될 수 있는지에 대해서도 계산하였다. 이 화학적인 감성은 염소를 방출하게 되어 이것이 오존을 약화시키는 반응에 관여하게 된다. 다른 대기 과학자들은 그들의 연구 결과에 일부 의구심을 가졌지만, 1985년 오존층 약화가 감지되면서 마침내 몰리나와 롤런드가 지적한 대로 CFCs가 오존층 약화에 관여한다는 사실이 밝혀졌다.

최근 마리오 몰리나는 대류권의 오염에 대해서 연구하고 있다. 특히 그는 고향인 멕시코시티와 같이 교통 혼잡을 겪고 있는 대도시에서 오염 수분을 낮추는 방법을 찾고 있다. 이 밖에도 그는 대통령 과학과 기술 자문 위원회, 에너지 자문 위원회(Energy Advisory Board), 환경연구와 독성에 대한 국립 연구심의 위원회, 미국-멕시코 과학 재단과 비정부 환경 단체를 포함한 여러 위원회에 봉사하고 있다[43].

43) http://www.sciam.com/1197issue/1197profile.ht

# 제5장● 지구온난화

1970년대 이후 전 세계 규모 환경 문제에 대한 국제적인 관심은 성층권 오존 감소의 위협과 지구온난화 2가지였다. 제4장에서 논의한 바와 같이, 전 세계 오존층에 대한 위협은 어느 정도 조절되고 있다. 국가 및 세계적인 규제를 통하여 오존층 감소에 많은 영향을 끼치는 클로로카본이나 브로모카본 같은 화학물질들을 다른 물질로 대체할 것을 권장하고 있기 때문이다.

이와 유사하게 1970년대 초반 이후 미국과 유럽 서부 여러 나라의 대기 질과 산성침적 문제 해결에 대한 규제도 이루어졌다. 예를 들면, 1970년에 제정된 미국 대기정화법 개정안은 1975년 미국 자동차 제조업자들이 촉매 변환장치를 개발하도록 하여 도시 대기 질의 개선을 도모하였다. 대기정화법 개정안을 통한 규제와 1979년 장거리 수송하는 대기오염에 관한 제네바 회의는 황 배출 감소를 이끌어냈고, 1980년대와 1990년대에 일부 산성침적 문제의 개선을 가져왔다.

세계적인 관심을 끌고 있는 2번째 주요 환경 문제는 지구온난화의 위협으로, 국제적인 회의에서 선포되고 문제를 완화시키기 위한 배출 규제도 진행되고 있다. 이 장에서는 지구온난화의 역사적인 국면, 온실효과와 지구온난화, 현재 진행되는 지구온난화의 증거, 지구온난화가 끼칠 영향, 지구온난화 조절을 위한 규제적 방안에 대해서 알아보고자 한다.

## 1. 지구온난화의 역사적인 국면

지구의 온실효과에 대해 제기한 최초의 과학자는 프랑스의 수학자이며 물리학자로서 열전도와 확산을 연구한 것으로 유명한 장 바티스트 푸리에(Jean Baptiste Fourier, 1768~1830)였다. 1827년 푸리에는 대기는 태양의 '밝은 광선(light ray)'은 통과시키나 지면으로부터의 '검은 광선(black rays)'은 보유하는 성질을 가지는 유리와 같이 행동한다는 자신의 연구 결과를 발표하였다.

**그림 5-1** 아일랜드의 물리학자인 존 틴들. 복사열에 대한 대기 기체들의 효과를 연구한 '틴들 효과'로 유명하다.(출처 : 윤일희, 2007)

대기 중의 어떤 기체가 열 적외선 복사를 선택적으로 흡수한다는 것을 최초로 인식한 사람은 빛과 작은 입자들 사이의 상호작용을 연구한 것으로 유명한 아일랜드의 실험물리학자인 존 틴들(John Tyndall, 1820~1893; 그림 5-1)이었다. 1865년 무렵 틴들은 수증기가 건조공기보다 더 많은 열 적외선 복사를 흡수한다는 것을 발견하였고, 수증기가 지구 기후를 온화하게 한다고 간주하였다.

지구온난화 이론을 최초로 제안한 사람은 스웨덴의 물리화학자인 스반테 아레니우스(Svante August Arrhenius, 1859~1927; 그림 5-2)였다. 1896년 그는

**그림 5-2** 스웨덴의 물리화학자인 스반테 아레니우스. 전해질 연구로 1903년 노벨화학상을 수상하였다. 그는 최초로 대기 중의 이산화탄소 농도의 증가에 따른 기후 효과(온실효과)를 계산하였다.(출처 : 윤일희, 2006)

18세기 영국에서 일어난 산업혁명 이후 석탄연소로 인한 이산화탄소의 혼합비가 2배가 되면, 온도가 5℃ 증가할 수 있다고 제안하였다[1]. 이것은 이산화탄소의 2배가 될 때 2℃ 온도 증가를 이룰 수 있다는 최근의 연구 결과보다 높게 추정된 것이지만, 이론 자체는 여전히 타당하다.

또한 아레니우스는 이산화탄소의 감소가 빙하시대의 발생 원인이라는 이론을 세우기도 했지만 이 이론은 부정확하다. 밝혀진 바에 따르면 빙하시대는 지구의 궤도가 변화함에 따라 일어나기 때문이다. 빙하시대 동안 이산화탄소 혼합비의 감소는 온도 변화의 원인이라기보다 효과로 봐야 한다.

## 2. 온실효과와 지구온난화

온실기체는 입사 태양복사들은 비교적 잘 투과시키지만, 적외선 복사의 어떤 파장은 통과시키지 못한다. 상대적인 투과(relatively transparent)라는 용어는 모든 온실기체들이 원자외선을 흡수하기 때문이다. 이 외에도 오존은 UV-B와 UV-C를 강하게 흡수하고 가시광선 복사는 약하게 흡수한다.

1) Arrhenius, 1896 : On the influence of carbonic acid in the air upon the temperature of the ground. *Philos. Mag.*, 41, 237.

수증기와 이산화탄소는 태양 근 적외선 복사를 흡수한다. 그러나 온실기체들은 지구 대기권 꼭대기에 입사하는 총 태양복사의 아주 적은 부분에만 영향을 미친다.

### 1) 온실기체와 입자

자연 온실효과(natural greenhouse effect)란 주로 수증기, 이산화탄소, 메탄, 오존, 아산화질소, 염화메틸 등의 배경 온실기체 때문에 지구 대기가 온난화되는 것을 말한다. 자연 온실효과로 인한 온도 변화는 288 K의 지구 평균 지상 온도와 255 K인 평형 온도 사이의 차인 약 33 K이다. 만일 자연 온실효과가 없어 지구의 지상 온도가 약 255 K가 되어 버리면 너무 한랭하여 대부분의 생물체가 살지 못하게 될 것이다. 따라서 자연 온실효과는 우리에게 이로운 것이다.

인공적인 배출은 온실기체와 분진상의 블랙 카본(black carbon, BC)[2)]의 혼합비를 증가시켜서 지구온난화(global warming)를 일으킨다. 온실기체들이 태양복사를 투과시키고 열 적외선 복사를 흡수하는 데 반해, BC는 태양복사를 강하게 흡수하고 열 적외선 복사는 약하게 흡수한다. 온실기체들과 분진상의 BC는 모두 공기를 온난하게 하지만, 메커니즘은 서로 다르다. 지구온난화는 인공적인 온실기체와 BC 배출의 결과로, 자연 온실효과 이상으로 이루어지는 지구 온도의 증가를 의미한다.

가장 중요한 온실기체는 수증기이다. 수증기는 자연 온실 온난화로 일어나는 33 K 온도 상승의 원인 가운데 89 %를 차지한다. 이산화탄소는

---

2) 천연가스, 기름, 아세틸렌, 타르, 목재 따위가 불완전연소할 때 생기는 검정가루를 말한다.

2번째로 중요하고 양이 많은 온실기체로 자연 온실효과의 7.5 %를 차지한다. 자연 산불에 의해서 발생하는 주요 자연원인 블랙 카본은 자연 온실효과의 오직 0.2 %만을 차지하는 것으로 추정되고 있다.

그림 5-3은 적외선 파장에서 여러 온실기체들에 의한 흡수 백분율을 나타낸 것이다[3]. 수증기는 0.7~0.8 μm 그리고 12 μm 이상의 여러 파장들에서 강한 흡수체로 작용한다. 이산화탄소는 2.7~4.3 μm 그리고 13 μm 이상 파장들에서 강하게 흡수한다. 그림에서 보면, 8~12 μm에서 열 적외선 복사 흡수가 적게 나타난다는 것을 알 수 있다. 이 파장 영역을 대기 창(atmospheric window)이라 부른다. 대기 창 내에서 기체들은 지구의 방출 열 적외선 복사에 대해 비교적 투명하여 공간으로 탈출하도록 허용한다. 지구 대기의 자연 기체들 중의 하나인 오존과 염화메틸은 대기 창 내에서 복사를 흡수한다. 아산화질소와 메탄은 대기 창 변두리에서 흡수한다. 대기 창 영역에서 흡수하는 어떤 기체의 혼합비 증가는 전 세계 지상 온도를 증가시키게 될 것이다.

### 2) 지구온난화의 주요 원인

아레니우스 시대 이후, 지구온난화의 첫 번째 주요 원인으로 인식된 것은 이산화탄소였고, 메탄은 두 번째 원인이라고 생각되었다. 실제 기후되먹임(feedback) 연구에 의하면, 이산화탄소가 지상 부근의 지구온난화의 원인으로 지적된다. 그러나 두 번째 주요 원인의 경우 메탄이 아니라 분진 상태의 블랙 카본이라고 지적하였다[4]. 블랙 카본은 석탄, 디젤 연료, 제트

3) Valley, S.(ed.), 1965 : *Handbook of Geophysics and Space Environments*. U.S. Air Force Cambridge Research Laboratories, McGraw-Hill, New York.

연료, 천연가스, 등유, 바이오매스 등이 연소되는 동안 방출된다. 오늘날 BC는 지상 부근 지구온난화의 16 %를, 이산화탄소는 47 %를 책임지고 있다.

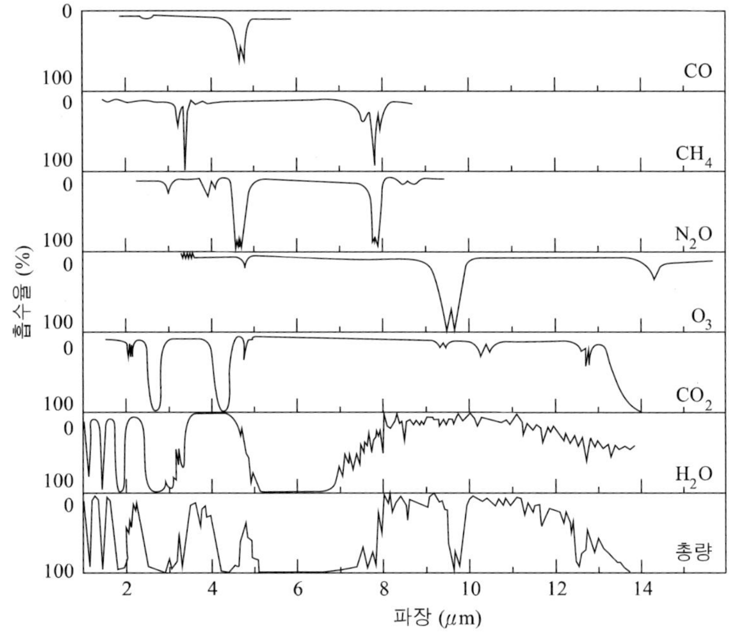


**그림 5-3** 적외선 파장에서 온실기체들에 의한 복사의 흡수 백분율.(출처 : Valley, 1965)

비록 이산화탄소가 가장 양이 많고 중요한 인공적 배출 요인으로서 지구온난화의 대표 요인으로 취급받고 있지만, 다른 기체들도 더 많은 열 적외선 복사를 흡수할 수 있으며 그러한 기체들의 방출 증대도 지구온난화에 기여한다. 메탄 분자는 이산화탄소 분자보다 복사를 흡수하는

4) Jacobson, M. Z., 2001 : Global direct radiative forcing due to multicomponent anthropogenic and natural aerosols. *J. Geophys. Res.*, 106, 1551-1568.

능력이 약 25배 높다. 아산화질소와 $CFCl_3(g)$ 분자들은 이산화탄소 분자들보다 흡수 능력이 각각 270배와 12,500배 더 뛰어나다. 따라서 만약 지구온난화를 치료하고자 한다면, 이 모든 온실기체들을 조절하는 것이 중요하다[5).

### 3) 온실기체의 경향

1800년대 중반 이후, 이산화탄소, 메탄, 아산화질소의 대류권 혼합비는 각각 30 %, 143 %, 14 %로 증가하였다. 이들 기체들은 대기권 하부에서 비교적 잘 혼합된다.

블랙 카본 농도는 먼 과거까지 추적되지는 않았지만, 배출 자료는를 보면 산업혁명 이전부터 대기 중에 부과된 BC의 변화를 추정할 수 있다. 오늘날 BC의 반은 화석연료에서, 나머지 반은 바이오매스 연소에서 기원하였다. 오늘날에는 화석연료 BC의 100 %, 바이오매스 연소 BC의 80 %가 인공적으로 배출되기 때문에, 총 BC의 90 %가 인공적이다. 1850년 당시 바이오매스 연소는 산불이 주 원인이었으며 양은 오늘날의 절반 정도였다[6)]. 마찬가지로 화석연료 연소 이전의 BC 배출은 오늘날의 25 % 정도였고 모두 자연적으로 일어났다.

19세기가 시작된 이래 BC의 화석연료 배출은 계속 증가하였다. BC의

---

5) Hayhoe, K. A. Jain, H. Pitcher, C. MacCracken, M. Gibbs, D. Wuebbles, R. Harvey and D. Kruger, 1999 : Cost of multigreenhouse gas reduction targets for the U.S.A. *Science*, 286, 905.

6) Houghton, R. A., 1991 : Biomass burning from the perspective of the global carbon cycle. In *Global Biomass Burning : Atmospheric, Climatic, and Biospheric Implications*, Levine J. S., ed. MIT Press, Cambridge, Mass., 321-325.

주요 생성원인 석탄의 연소율은 1800년에서부터 1900년까지 1년에 1천만 미터톤에서 10억 미터톤으로, 1800년에서부터 1990년까지는 1년에 1천만 미터톤에서 50억 미터톤으로 증가하였다[7]. 석탄 생산은 미국에서만 1984년에서부터 1999년까지 25 % 증가하였고, 디젤 연료와 제트 연료를 정유하는데 사용하기 시작하자 사용량이 각각 60 %와 57 % 더 증가하였다[8]. BC는 입자 성분이기 때문에 기체 분자들보다 훨씬 더 무겁다. BC의 대기 생존시간은 온실기체들보다 더 짧고 공간 분포도 더 넓게 변동한다.

1958년 미국의 대기화학자인 찰스 킬링(Charles David Keeling, 1928~2005)은 현재 '킬링 곡선(Keeling curve)'로 널리 알려진 자료 세트를 만든 매우 정확한 측정 능력으로 대기 중의 이산화탄소의 증가를 최초로 확인하였다. 그의 조사 이전에는 화석연료의 연소와 여러 산업 활동으로부터 방출된 이산화탄소가 대기 중에 축적될 것인지 아니면 완전히 해양과 육지상의 식생지역에 흡수될 것인지 알지 못하였다. 그는 연소로 발생한 이산화탄소 중에 대기 중에 체류하는 양을 처음으로 명시하였다. 대기 중의 이산화탄소 증가를 나타낸 킬링 기록은 1958년부터 하와이 주 마우나로아(Mauna Loa)[9]와 다른 청정 공기 지역(남극관측소, 알래스카 주 바로우 포인트)에서 측정된 것인데, 이들은 전 세계 변화의 연구를 위한 가장 중요한 시계열 자료 세트로 많은 사람들이 믿고 있는 곳이다. 그림 5-4는 1958년부터 미국 하와이 주 마우나로아 관측소와 남극 남극점 관측소[10]에서 관측된 월평균

---

7) McNeil, J. R., 2000 : *Something New under the Sun*, W. W. Norton & Company Ltd., New York.

8) Energy Information Administration (EIA), 2000 : http://www.eia.doe.g ov, U.S. Energy Information Administration, Washington, DC.

9) 19°32′N, 155°35′W.

10) 89°59′S, 24°48′W.

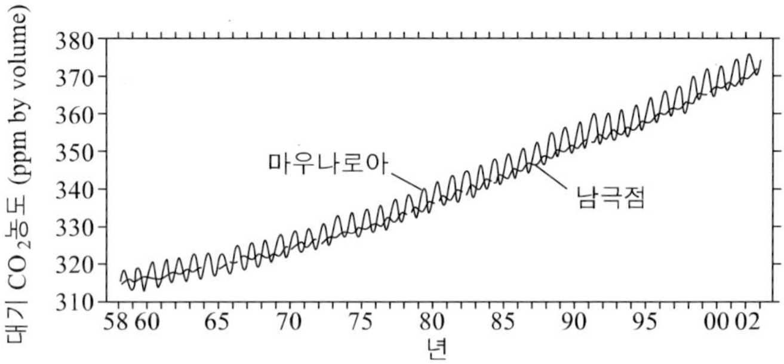


**그림 5-4** 미국 하와이 주 마우나로아 관측소와 남극 남극점 관측소에서 1958년부터 측정한 이산화탄소 월별 농도 변화를 비교하여 나타낸 것이다.(출처 : Wallace and Hobbs, 2006)

$CO_2$의 농도 변화를 비교하여 나타낸 곡선이다.

킬링의 주요 관심 영역은 탄소의 지구화학(geochemistry)과 자연에서 탄소 순환을 강조하는 대기화학(atmospheric chemistry)의 일면을 포함하고 있다. 그는 이런 분야의 연구에서 국제적인 선도자였고 또한 화석연료의 연소를 통한 대기권의 변화와 토지 이용의 변화에 대한 연구, 탄소 순환과 기후변화 사이의 복잡한 관련성에 관한 연구를 수행하였다. 킬링은 또한 해수 중에 용해되어 있는 탄소를 극도로 정확하게 측정함으로써 이산화탄소의 대기 중 농도를 조절하는 해양의 역할을 연구하였다. 그는 죽을 때까지 조석 효과와 같은 기후 과학의 선구적인 분야를 연구했을 뿐만 아니라 이산화탄소 연구에 전념하였다.

1750년부터 1997년까지 270,000 Tg[11] 이상의 탄소가 인공적으로 배출되었다[12]. 배출량의 반은 1970년대 이후에 발생되었다. 1997년의 배출률은

11) 테라그램(teragram); 1 Tg = $10^6$ 미터톤 = $10^{12}$ g.

12) Marland, G., T. A. Boden and R. J. Anders, 2000 : Global, regional, and national $CO_2$ emissions. In *Trends Online : A Compendium of Data on Global Change*. Carbon Dioxide Information Analysis Center, Oak Ridge National Laboratory, U.S.

6,593 Tg/yr로서 1996년의 배출률보다 1.2 % 증가한 것이었으며, 이 해는 가장 배출률이 큰 해였다. 액체와 고체 연료가 연소함에 따라 1997년에는 인공 이산화탄소 배출의 77.6 %를 담당하였다. 시멘트 생산과 가스 소각(gas flaring)[13]은 총 이산화탄소 배출의 5 % 미만으로 공헌하였다. 그리한 연소율은 석탄과 석유를 채광하는 동안 자연기체를 포획할 수 있게 한 개량 기술 때문에 감소되었다.

또한 이산화탄소의 인공 생성원으로 바이오매스 연소와 삼림 벌채(deforestation)를 들 수 있다. 바이오매스 연소는 상록수림, 낙엽활엽수림, 삼림지대, 초원, 농업 지대를 여러 목적으로 태우는 것을 말한다. 삼림 벌채에는 목재를 얻기 위해 숲을 벌목하는 것과 농장 및 가축 방목 공간을 만들기 위해 숲을 태우는 것이 있다. 숲을 태우면 이산화탄소가 배출된다. 숲이 태워지든 나무가 베어지든 간에, 이들의 손실은 이산화탄소를 유기물질로 변환하는 광합성 작용을 방해한다. 바이오매스 연소율은 남미, 아프리카, 인도네시아의 열대우림 지역에서 높다. 미국과 캐나다 일부의 북서 태평양 지역과 전 세계 삼림 지역에서 목재 생산을 위한 숲의 벌목하는 일 또한 일반적이다. 바이오매스 연소와 삼림 벌채 때문에 이산화탄소 배출률은 전 세계적으로 1,800 Tg-C/yr에서 3,700 Tg-C/yr로 나타났다[14]. 따라서 삼림 벌채는 이산화탄소의 연 인공 배출량의 1/50에서 1/30을 담당한다.

삼림 벌채는 생육할 수 있는 땅이 사막으로 변환하는 사막화(desertification)

---

Department of Energy, Oak Ridge, Tenn.

13) 석탄 광산과 유정으로부터 방출되는 자연기체의 연소.

14) Houghton, R. A., 1994 : Effects of land-use change, surface temperature and CO2 concentrations on teresstrial stores of carbon. In *Biotic Feedbacks in the Global Climate System : Will the Warming Speed the Warming?* Woodwell G. M. and Mackenzie F. T., eds. Oxford University Press, Oxford.

의 한 메커니즘이다. 과도한 가축 방목 때문에 심화되기도 하는 사막화 현상은 사하라 사막의 경계 지역에서 일어나는 문제로 계속해서 확산되고 있다. 사막화는 지구의 알베도를 증가시키고 지면의 비열을 감소시킨다. 사막의 모래는 숲 또는 식생보다 햇빛을 더 많이 반사함으로써 기후를 한랭화시킬 수 있는 하나의 요인이 된다. 반면 모래는 나무보다 비열이 낮아 기후를 온난하게 할 수도 있다. 때문에 온도에 대한 사막화의 순 영향은 불분명하다.

그림 5-5는 1860년부터 1994년까지 여러 생성원에서 배출되는 인공적인 메탄가스의 증가 현황을 보여준다. 이 기간 동안 인공 메탄 총 배출량은 29.3 Tg/yr에서 371 Tg/yr까지 증가하였다. 1994년 인공 메탄 배출의 가장 큰 원인은 목축업이었다. 목축업은 최근 들어 쌀농사보다 더 중요한 메탄 배출원으로 등장하였다[15].

또한 산화질소가스의 인공 배출은 19세기와 20세기에 증가하였다. 아산화질소는 대부분 거름과 하수 내의 박테리아로부터 방출되며, 바이오매스 연소와 화석연료가 연소되는 동안에도 방출된다.

1930년대와 1940년대에는 CFC-11, CFC-12, HCFC-22, 사염화탄소를 포함하고 있는 합성염소화합물들이 산업용으로 개발되었다. 이들 화합물들은 성층권 오존 파괴뿐만 아니라 온실기체로도 기능하였다. CFC-11, CFC-12, HCFC-22는 대기 창 내에서, 사염화탄소는 대기 창의 상단부에서 열 적외선을 흡수한다. 이들 기체들의 최근 혼합비 변화를 살펴보면 다음과 같다. CFC-11, CFC-12, 사염화탄소는 감소하고 있는 반면,

15) Stern, D. I. and R. K. Kaufman, 1998 : Annual estimates of global anthropogenic methane emissions : 1860-1994. Trends online : A compendium of data on global change. Carbon Dioxide Information Analysis Center, Oak Ridge National Laboratory, U.S. Department of Energy, Oak Ridge, TN.

HCFC-22, 다른 HCFCs, HFCs들은 증가하고 있다. HFCs와 플로린을 포함하고 있는 sulfur hexafluorides[$SF_6$(g)]와 perfluoroethane[$C_2F_6$(g)]는 대기 창에서 강한 흡수체로 작용한다. 따라서 이들 화합물의 증대는 관심의 대상이 되고 있다.

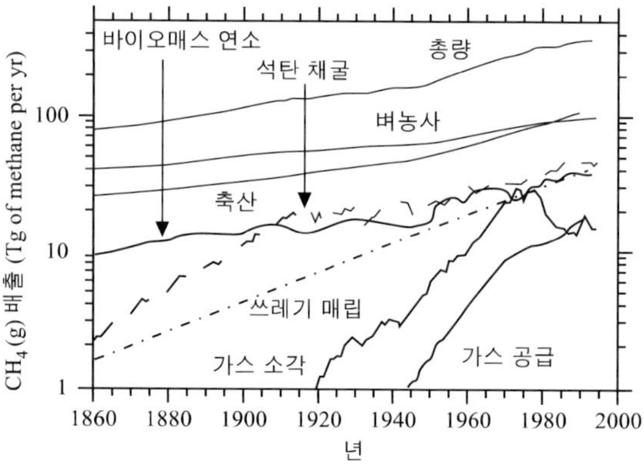


**그림 5-5** 1860년부터 1994년까지 여러 가지 생성원으로부터 배출되는 메탄의 전 세계 인공 배출.(출처 : Jacobson, 2002)

## 3. 현재 진행되는 지구온난화의 증거

만약 전 세계에 분포하는 빙하와 빙상이 전부 녹는다면, 해수면의 높이는 약 70 m 상승할 것이다. 전 세계의 얼음은 기후학적으로 민감한 한대 지역에 집중되어 있다. 얼음의 양은 대체로 수천 년에 걸쳐 변화한다는 통념과는 달리, 현재는 기후에 반응하여 매우 빠르게 변화하고 있음이 보고되고 있다. 이러한 기후 반응은 대단히 중요한 현상과 연관되어 나타난다. 해수면 상승과 얼음의 용융, 또는 빙하가 떨어져 담수가 배출되는 현상

등은 해양의 순환에 영향을 미친다.

수백만 년 동안, 지구가 온난해지거나 한랭해짐에 따라 해수면의 높이는 상승하거나 하강하였고, 이에 따라 육지 상의 얼음도 줄어들거나 늘어나곤 했다. 오늘날에도 이러한 양상은 변함이 없다. 20세기 동안 해수면은 거의 2 mm/yr의 비율로 상승하였고[16], 최근 12년 동안에는 3 mm/yr의 비율로 상승하고 있다[17]. 그러나 과거와 달리 오늘날에는 수백만 명의 사람들이 연안에 살고 있어 해수면의 변화에 취약하다. 해수면이 증가하여 해변을 침식시키면 홍수가 일어날 가능성이 높아지고, 강한 폭풍이나 허리케인을 완화시키는 섬과 연안 습지들의 자정 능력도 감소하게 된다. 해수면이 1 m 상승할 때마다 부담하는 비용은 미국에서만 1천억 달러로 추산되고 있다. 취약한 저지대 연안 지역이 침수됨에 따라 발생하는 전 세계적인 비용은 매우 크게 나타날 것이다. 가난한 나라일수록 이러한 변화에 속수무책이다. 해수면의 1 m 상승이 20세기 동안 0.09~0.88 m 범위 정도로 예측되고 있기에 여기에 대한 고려가 특히 중요하다[18]. 이러한 크기의 상승은 과거 20년 동안 일어났다[19].

더구나 해양에서 온난화되는 지역의 확장은 20세기에 관측된 해수면

16) Miller, L. L. and B. C. Douglas, 2004 : Mass volume contributions to twentieth century global sea-level rise. *Nature*, 428,(6981), 406-409.

17) Leuliette, E. W., R. S. Nerem and G. T. Mitchum, 2004 : Results of TOPEX/Poseidon and Jason calibration to Construct a Continuous Record of Mean Sea-Level. *Marine Geology*, 27, No. 1-2, 79-94.

18) Intergovernmental Panel on Climate Change(Ed.), 2001 : *Climatic Change 2001 : The Scientific Basis-Contribution of Working Group I to the Third Assessment Report of the Intergovernmental Panel on Climatic Change*, 881 pp. Cambridge Univ. Press, New York.

19) Fairbanks, R. A., 1989 : A 17 000-year glacio-eustatic sea-level record-Influence of glacial melting rates on the Younger Dryas event and deep-ocean circulation. *Nature*, 342,(6250), 637-642.

상승의 3번째 요인으로 작용하고 있고, 그중 가장 해수면 상승이 뚜렷할 것으로 예상되는 곳이 그린란드 빙상과 남극 빙상이다. 여러 가지 상이한 이유로 각각은 서로 다른 특성을 나타낸다. 대부분의 얼음이 연약층으로 해수면 아래에 있는 남극 서부 지역은 얼음의 일방적인 퇴각을 취약하게 만든다. 그린란드 빙상은 상당히 녹아 얼음의 바다 쪽으로의 흐름을 급격하게 가속화시키고 있다[20]. 반면 알래스카 빙하나 파타고니아 빙원과 같은 작은 규모의 얼음 양은 급격하게 줄어들어 거의 위협을 가하는 수준에 이르렀다.

빙상과 빙하가 향후 100년 간 어떤 식으로 해수면 상승에 기여할지를 이해하기 위해서는, 빙하 또는 빙상의 질량평형을 조절하는 것이 무엇인지 먼저 이해하는 것이 중요하다. 질량평형은 적설과 같은 질량을 추가하는 인자들과 지표면 융해, 부유하는 얼음 밑면의 녹음, 승화와 같은 질량을 감소하는 요인들 사이의 차이를 말한다.

기후가 온난해지면, 질량 결손을 가져오는 모든 성분들이 증가하면서 빙하가 축소된다. 그러나 그와 동시에 지상에 떨어지는 눈의 양 또한 증가하여 빙하가 성장할 수 있다. 커다란 빙상의 경우, 이 중 어느 쪽이 다음 세기 동안 주도적으로 작용할지에 대한 명백한 해답은 없다. 또는 얼마만 한 양으로 일어날지에 대한 명백한 해답도 존재하지 않는다. 결과적으로 과학자들은 고위도 빙하와 극관의 평형 상태, 이들이 해수면 상승에 기여하는 정도를 이해하는 것만이 아니라 지구상에 존재하는 거대한 빙상의 평형 상태를 이해하는 데에도 상당한 관심을 기울이고 있다. 최근 10년간 새로운 위성 탑재용

20) Ardent, A. A., K. A. Echelmeyer, W. D. Harrison, C. S. Lingle and V. B. Valentine, 2002 : Rapid wastage of Alaska glaciers and their contribution to rising sea-level. *Science*, 297(5580), 382-386.

측기와 항공기 탑재용 측기의 개발, 지표면 고도 변화, 용융 넓이, 해류 속도, 지표면 온도 등과 같은 위상 자료 세트의 출현을 통하여 지구상에 얼음으로 덮인 지역의 변화를 관측할 수 있는 능력이 획기적으로 향상되었다. 특별한 야외 관측과 모델링 노력을 결합한 이들 관측 자료들은 질량평형을 조절하는 메커니즘을 이해하는 데 중요한 새로운 식견을 계속 제공하고 있으며, 이러한 과정들이 어떻게 미래에 활동할 것인가를 시사하고 있다.

### 1) 남극 빙상

해수면 상승을 61 m까지 상승시킬 수 있는 얼음을 보유한 남극대륙의 경우(그림 5-6), 서남극 빙상(the West Antarctic Ice Sheet; WAIS)은 해수면 아래의 연약 변형층에 기반을 두고 있다. 결과적으로 중대한 퇴각은 물이 얼음층 경계를 채우도록 하여 마찰을 줄이고 얼음을 주변 바다로 방류하는 WAIS의 경향성을 증가시킴으로써 6 m 이상의 해수면 상승을 가져온다. 이런 이유로 서남극 빙상은 대응되는 동남극 빙상에 비해 훨씬 안정성이 떨어진다.

**그림 5-6** RADARSAT 영상으로 모자이크한 남극대륙의 모습.(출처 : Abdakati, 2006)

4 km 이상의 두께를 지닌 일부 지역 내의 얼음 일부는 수천 년 전부터 진행된 기후변화에 여전히 반응하고 있으며, 최근까지도 빙상은 기후변화 반응에 천천히 진행된다는 견해가 지배적이었다. 그러나 빙상 내부에서의 변화가 천 년 이상 간격으로 일어나는 반면, 가장자리에서의 변화는 다르게 나타난다. 남극대륙 주변부의 많은 부분은 부유하는 붕빙 또는 대기와 해양의 온난화에 영향을 잘 받는 얼음 혀(ice tongue)로 덮여 있다. 붕빙 또는 얼음 혀는 얼음보다 더 중요한 암시를 가진다. 이런 취약성으로 인하여 2002년 가시적인 사건이 일어났다. 수 주 동안에 라르센 B 붕빙(Larsen B ice shelf)의 많은 부분이 붕괴된 것이다(그림 5-7). 라르센 B 붕빙은 두께가 수백 m에 달했고 12,000년 이상 존재한 것으로 추정되고 있다. 이 붕빙의 붕괴만으로 해수면 높이가 상승된 것은 아니다. 라르센 B 붕빙은 부유하는 얼음이었기 때문이다. 그러나 이것은 얼음으로 덮인 부분이 환경 변화에 영향을 미친 한 사례라 할 수 있었다.

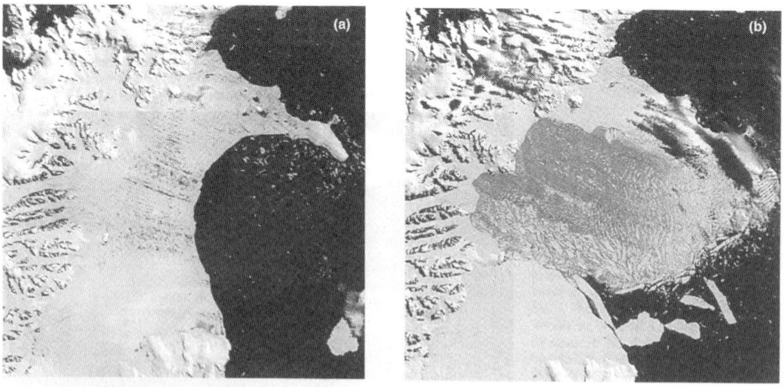


**그림 5-7** 붕괴 전인 2002년 1월 31일 라르센 B 붕빙의 모습(a)과 붕괴 후인 2002년 3월 7일의 모습(b). 이 영상은 NASA의 아쿠아 위성(Aqua Satellite)에 탑재된 MODIS 측기로부터 얻은 것이다.(출처 : Abdakati, 2006)

그런데 몇 개월에 걸쳐 일어난 붕괴 이후 직접적으로 해수면이 상승하였다. 모든 빙하들이 가속화되어 라르센 B 붕빙 속으로 흘러 들어왔고, 그중 일부는 8배 이상 가속화되었다. 바다로 방출되는 양이 증가함에 따라 이들 빙하들은 급격하게 얇어지기 시작하였고, 6개월 동안 38 m가 얇어졌다. 라르센 붕빙의 나머지 남은 부분을 유지하는 빙하는 붕괴하지 않았고 가속화될 기미도 없었다.

자연에 의한 이러한 실험은 붕빙이 빙하의 버팀목으로 작용하며 빙하의 흐름을 계속 유지시켜 준다는 몇 십 년 이전의 논쟁적인 가설을 확인하는데 도움을 주었다. 라르센 B 붕빙의 경우에서와 같이 일단 방벽이 제거되면 부벽 효과가 사라져 얼음은 바다 쪽으로 향하는 빙하의 흐름을 가속화시킨다. 그러나 이러한 빠른 흐름은 오랫동안 유지되는 것이 아니라, 시간이 지남에 따라 이들 빙하들이 새로운 경계 조건이 되어 새로운 평형 상태에 들어서게 된다.

남극반도상에서 라르센 B 붕빙의 위치는 극단적인 예를 제공한다. 20세기 후반 남극반도가 수 ℃로 온난화되었기 때문이다[21]. 이 때문에 많은 빙하와 붕빙들이 퇴각하고 있다. 이 지역의 온난화는 남극대륙의 다른 지역에 비해 훨씬 높게 일어나고 있다[22]. 대부분의 남극대륙은 최근 십 년 동안 한랭화를 경험하였다. 여전히 우리는 가속에 뒤따르는 퇴각의 징후와 빙상의 여러 곳이 얇아지는 현상을 감지하고 있다. 가장 뚜렷한 지역은 아문센 해로 방출되는 드웨이트 빙하와 파인 섬 빙하이다[23]. 종종 잠재 불안정 때문에 WAIS에

21) Vaughn, D. G., G. J. Marshall, W. M. Connolley, J. C. King and R. Mulvaney, 2004 : Climate change-Devil in the detail. *Science*, 293, No. 5536, 1777-1779.

22) Cook, A. J., A. J. Fox, D. G. Vaughan and J. G. Ferrigno, 2005 : Retreating glacier fronts on the Antarctic Peninsula over the past half-century. *Science*, 308,(5721), 541-544.

약한 부분이 녹아 해수면이 0.13 mm/yr에서 0.24 mm/yr로 상승하였다[24]. 이는 전체 해수면 상승의 10%에 해당한다. 그 원인은 아문센 해로 흐르는 빙하의 가속에 있으며 이는 영상 약 0.5 ℃인 온난 해류에 의한 붕빙의 약화에 대부분 반응하게 된다. 이 지역에서 일어나는 현상은 리르센 B 붕빙 주변에서 일어나는 것에 비해 극적이지는 않지만, 해수면 상승과 어떤 지역의 잠재 불안정의 크기를 가늠하는 좋은 증거가 된다. 만약 붕빙이 사라지고 빙하 퇴각이 분지 쪽으로 깊숙이 진행한다면, 이러한 빙하들의 퇴각은 계속적으로 가속되어 해수면 상승에 더욱더 영향을 미칠 것이다.

그렇지만 모든 서남극 하구 빙하와 얼음흐름(ice stream)이 가속되는 것은 아니다. 일부 지역에서는 이러한 현상이 천천히 일어나며 심지어는 멈추는 경우도 있다. 로스 붕빙을 유지시키는 캠브(Kamb) 얼음흐름(예전에는 얼음흐름 C라 불렀다)이 이에 해당한다. 결과적으로 WAIS의 일부 지역은 성장하고 있으며 실제 해수면 상승 속도가 느려지게 하고 있다. 그러나 약 0.07 mm/yr에 해당하는 해수면 상승(sea-level rise; SLR)으로 캠브 얼음흐름과 같은 얼음흐름의 순 성장은 WAIS의 어느 곳에서나 관측되는 손실을 상쇄하기에는 충분하지 못하다[25].

서남극 빙상과 동남극 빙상 전체의 질량평형을 결정하기 위해 1992년부

---

23) Thomas, R., E. Rignot, G. Cassassa, P. Kanagaratnam, C. Acuna, T. Akins, H. Brecher, E. Frederick, S. Gogineni, W. Krabill, S. Manizade H. Ramamoorthy, A. Rivera, R. Russel, J. Sonntag, R. Swift, J. Yungel and J. Zwally, 2004 : Accelerated sea-level rise form West Antarctica. *Science*, 306, No. 5964, 255-258.

24) Shepherd, A., D. Wingham and E. Rignot, 2004 : Warm ocean is eroding the West Antarctic Ice Sheet. *Geophys. Res. Lett.*, 31, L23402.

25) Joughin, I. and S. Tulaczyk, 2002 : Positive mass balance of the Ross Ice Streams West Antarctica. *Science*, 295,(5554), 476-480.

터 2001년까지 유럽원격탐사위성(ERS-1과 ERS-2)에 탑재된 위성 레이더 고도계로 측정한 자료를 면밀히 분석한 연구도 있다[26]. 분석 결과, WAIS는 드웨이트 빙하와 파인 섬 지역에서 빙하가 엷어짐에 따라 지표면이 평균 2.9 cm/yr로 낮아지고 있다. 지각 융기와 만년설의 치밀화 과정을 고려하면, 9년 동안 WAIS 질량평형은 -51 $km^3$/yr로 나타났는데 이것을 해수면 상승으로 환산하면 0.13 mm/yr이다.

거대한 동남극 빙상의 경우, 지표면은 0.8 cm/yr 상승했는데, 이는 얼음 양이 18 $km^3$/yr가 증가한 것으로 해수면은 0.045 mm/yr로 낮아졌음을 시사하고 있다. 1992년부터 2003년까지 ERS-1과 ERS-2 자료 세트를 사용하여 유사한 분석을 수행한 연구도 있다[27]. 주변부를 제외한 동남극 빙상은 49 $km^3$/yr로 얼음 양이 증가하여 SLR이 0.12 mm/yr로 낮아졌다. 이들은 이러한 성장이 최근에 일어난 눈의 축적 이상 때문이라고 주장하였다. 이러한 성장의 일부는 홀로세 초기부터 시작되어 현재까지 계속된 눈 축적량의 증가에 대한 반응이란 증거라고 주장하였다. 두 추정치 사이에 차이는 있지만, 그들 모두는 WAIS에서의 일부 손실을 막는 동남극의 얼음 성장을 일관성 있게 찾아내었다.

동남극 빙상과 서남극 빙상에 대한 연구 결과에 따라 질량평형에 대한 추정값을 취한다면, 남극대륙 전체의 순 손실은 -33 $kg^3$/yr이며 SLR은 0.084 mm/yr로 이루어지고 있다.

---

26) Zwally, H. J. M. B. Giovinetto, J. Li, H. G. Cornejo, M. A. Berkley, A. C. Brenner, J. L. Saba, and D. Yi, 2005 : Mass changes of the Greenland and Antarctic ice sheets and shelves and contributions to sea-level rise 1992-2002. J. *Glaciol.*, 51(175), 509-527.

27) Davis, C. H., Y. Li, J. R. McConnell, M. M. Frey and E. Hanna, 2005 : Snowfall-driven growth in east Antarctic ice sheet mitigates recent sea-level rise. *Science*, 308(5730), 1898-1901.

### 2) 그린란드 빙상

그린란드 빙상은 전체 체적이 2.25 $km^3$이고 평균 두께가 1.6 km인데, 이는 만일 녹을 경우 7 m의 해수면 상승을 가져올 수 있는 양으로 남극 빙상의 1/10 수준이다. 그러나 남극 빙상과는 다르게 그린란드 빙상은 많은 부분이 현재 녹고 있다. 주변부에 부유하고 있는 붕빙과 얼음 혀, 빙상 내부의 눈과 얼음이 녹으면 그린란드의 평형 상태에 잠재 불안정이 발생될 수 있다. 이러한 현상이 증가하고 있다.

1979년부터 2005년까지 빙상이 녹은 면적을 파악하기 위한 기본 자료인 위성 자료에 따르면, 4월에서 10월 동안 평균 용융 지역이 31 % 증가하였다[28]. 26년 동안 이렇게 많은 양이 녹았다는 것은 과거 수십 년 동안 전체 지구의 온난화 비율보다 북극지방이 두 배 정도 온난화되었음을 시사해 주는 것이다[29]. 온도 상승 때문에 빙하가 더 많이 녹았고, 빙하가 녹아 지표면이 검게 됨으로써 양의 되먹임 메커니즘이 확립되었다. 위성으로 유도된 빙하가 녹는 현상은 지표면 질량평형 추정 모델의 결과[30]와도 일치하고 있다. 1961~1990년 기간과 1998~2003년 기간을 비교해 보면, 용융률과 이에 따른 유출이 후자 기간에서 강수에 의해 증가한 것으로 나타난다. 1998년부터 2003년까지 그린란드 지표면 질량평형으로부터 구한 해수면 상승은 0.15 mm/yr로서 이전 기간보다 큰 값으로 나타났다.

---

28) Steffen, K. and R. Huff, 2005 : http://cires.colorado.edu/ science/groups/steffen /greenland/melt2005/

29) ACIA, 2004 : *Impacts of warming Arctic*. Cambridge University Press.

30) Hanna, E., P. Huybrechts, I. Janssen, J. Cappeln, K. Steffen and A. Stephens, 2005 : Runoff and mass balance of the Greenland ice sheet : 1958-2003, *J. of Geophys. Res. Atmos.*, 100(D13), D13108.

유출과 용융수를 통한 얼음의 손실에 직접적으로 공헌하는 것 외에도, 이러한 용융은 얼음 손실에 영향을 끼칠 또 다른 요인들을 내포하고 있다. 그린란드 빙상의 서부 측면 평형 선으로부터 구한 자료에 따르면 지표면, 용융수는 크레바스(crevasse) 또는 물랭(moulin)을 통해 1 km 얼음 속까지 침투한다. 침투한 용해수는 얼음과 기반암 사이의 경계면을 매끄럽게 하여 여름철에 빙하의 가속을 일으키게 된다[31]. 이러한 여름철의 빙하 가속은 빙상의 가장자리 쪽으로 얼음흐름을 재촉하고, 가장자리에서 얼음흐름이 바다로 배출되거나 빙상이 용해되도록 한다. 시간이 지나면 이러한 현상은 빙상의 모습을 변화시킬 수 있으며 이러한 지역들이 낮아짐에 따라 미래에 일어날 용해에 매우 취약하게 된다[32].

그린란드 하구 빙하의 많은 부분은 바다로 직접 흘러가 조수의 영향을 받는다. 이들 빙하에는 길이가 수십 km에 달하는 부유하는 얼음 혀가 경계를 짓고 있다. 이들 얼음 혀는 봄과 여름 동안 지표면에서 용융이 일어나고 비교적 온난한 해수와 접촉하여 아래쪽으로부터 용융이 일어난다. 남극에서와 같이, 이들 부유하는 얼음 혀가 퇴각하거나 붕괴될 때는, 보강하는 효과가 사라지면서 빙하를 가속시켜 어떤 경우에는 빙하가 매우 빠르게 얇아지는 결과를 낳는다.

그린란드에서 이러한 현상이 분명하게 관측되는 장소 중 하나는 야콥스하븐 이스브레(Jakobshavn Isbrae)이다. 야콥스하븐은 얼음흐름이 7 km/yr로

---

31) Zwally, H. J., W. Abdalati, T. Herring, K. Larson, J. Saba and K. Steffen, 2002 : Surface melt-induced acceleration of Greenland ice-sheet flow. *Science*, 297, No. 5579, 218-222.

32) Parizek, B. R. and R. B. Alley, 2004 : Implications of increased greenland surface melt under global-warming scenarios : ice-sheet simulations. *Quaternary Sci. Rev.*, 23, (9-10), 1013-1027.

세계에서 가장 빠르게 움직이는 빙하 중 하나이다. 1990년대 중반 많은 그린란드 하구 빙하가 일반적으로 얇아진 반면, 야콥스하븐의 얼음흐름은 실제로 약간 두꺼워졌다. 이러한 현상은 1990년대 중반 얼음흐름이 천천히 움직인 데 대한 직접적인 결과로 나타난 것이다. 그러나 1997년 이후 주변부의 기온과 수온이 증가함에 따라 부유하는 얼음 혀들은 대체로 얇아지기 시작하였다. 이런 현상이 거의 50년 동안 안정하게 위치하였던 얼음 혀를 약화시켰고 2001년에 퇴각이 이루어지기 시작하여 2005년의 위치까지 매년 수 km씩 퇴각되었다(그림 5-8). 빙하가 얇아지는 현상과 퇴각은 얼음흐름의 연속적인 가속을 동반하였다. 흐름의 비율은 거의 두 배로 증가하여 12.6 km/yr에 달하였다. 이렇게 이동 속도가 증가됨에 따라 얼음흐름이 얇아지는 비율은 약 15 m/yr로 급증하였다. 이러한 퇴각은 2005년에 걸쳐 계속 이루어졌고 전체적인 영향은 아직도 알려져 있지 않다. 그러나 1997년에 시작된 빙하의 급격한 엷어짐이 안쪽까지 전파됨에 따라 얼음흐름의 질량이 계속 줄어들고 얼음을 상류 쪽과 주변부로 더 끌어들이게 되었다.

이 밖에도 그린란드 동부 연안에 위치한 캉거들룩수아크 빙하(Kangerdlugssuaq Gletscher)에서는 1990년대 중・후반에 10 m/yr로 흐름 비율이 줄었지만 2000년과 2005년 사이에는 210 %로 증가하였다. 이러한 가속은 빙하가 50 m/yr 이상으로 엷어진다는 것을 의미한다. 야콥스하븐과 캉거들룩수아크는 매우 극단적인 예이긴 하지만, 많은 그린란드 하구 빙하들도 1990년대에 줄어들었다는 증거가 존재한다. 그 이유는 지표면 축적과 삭마의 차이에 균형을 잡기 위해 흐름률이 필요 이상으로 나타났기 때문이다. 남부 그린란드의 많은 하구 빙하들은 더욱더 심각한 상황에 처하게 되었다. 특히 동쪽에서 뚜렷한 펴짐을 볼 수 있으며 1996년부터 2000년과 2005년까지 매우 뚜렷한 가속을 보이고 있다. 이러한 뚜렷한 현상들은 빙상 가장자리에서 빙하가 감소하는 현상을 야기하고 있다.

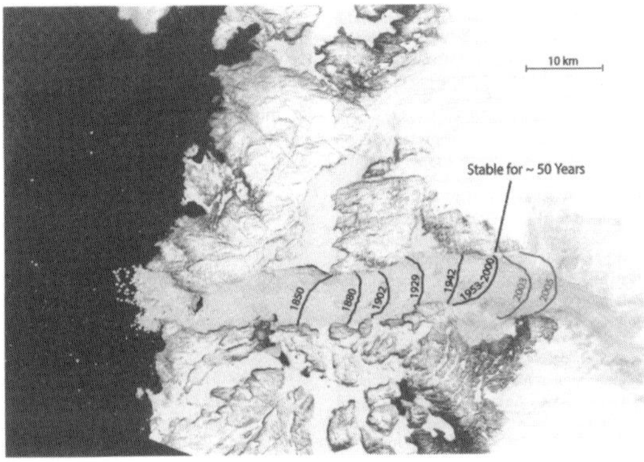


**그림 5-8** 1850년 이후 빙하가 떨어져나가는 전면을 보여주는 야콥스하븐 이스브레 빙하와 피요르드의 Landsat 영상.(출처 : Abdakati, 2006)

그러나 동일한 시간에 빙상 내부는 수 cm/yr로 성장하였다[33]. 주변부가 엷어지는 비율에 비교하면 매우 작아 보이지만, 이것은 매우 넓은 지역에서 발생하여 용융이나 빙하의 깨어짐, 배출에 따른 얼음의 손실을 뚜렷하게 상쇄시켰다.

이러한 경쟁적인 효과들을 그린란드 빙상에서 광범위한 질량평형을 추정함으로서 이끌어내었다. 얼음의 질량 손실은 2005년에 $-224$ km$^3$/yr로 가장 낮았고, 이는 0.57 mm/yr의 해수면 상승을 유발하였다. 이 값은 지표면 순 질량 증가의 추정 값과 하구 빙하 속도의 위성 관측과 항공기에 의한 두께 관측을 통해 계산한 배출량을 비교함으로써 얻은 것이다[34]. 그들은

33) Johannessen, O. M., K. Khvorostovsky, M. W. Miles and L. P. Bobylev, 2005 : Recent ice sheet growth in the interior of Greenland. *Science*, 310(5750), 1013-1016.

34) Rignot, E. and P. Kanagaratnam, 2006 : Changes un the velocity structure of the

또한 1995년과 2000년에 대해서도 질량 손실을 각각 -91 $km^3$/yr(0.23 mm/yr SLR), -138 $km^3$/yr(0.35 mm/yr SLR)로 추정하였다. 지난 10년간 배출이 증가하면서 순 얼음 손실이 급증하였다는 것을 알 수 있다.

가장 질 높은 추정값은 빙상 표면 고도 변화를 위한 ERS-1과 ERS-2 레이더 고도 측정과 현업 레이더 고도 측정이 이루어지지 않는 빙상 주변부 근처에서 수행한 항공기 레이저 고도 측정을 결합하여 도출하였다. 이에 따르면 1992년부터 2002년 사이에 질량 증가량은 +12 $km^3$/yr(-0.03 mm/yr SLR)으로 그린란드 빙상이 약간 성장한 것으로 추정된다. 내부 성장을 고려하면, 불균형 상태로 오랫동안 있었던 것이 아니라 아주 최근에 눈 축적으로 증가된 것으로 여겨진다.

세 번째로 1993년부터 2005년 사이의 봄에 빙상 상공을 비행하면서 항공기로 레이저 고도를 측정하는 방식을 사용하였다. 이 방법으로 추정된 값은 1990년대 중반은 59 $km^3$/yr(0.15 mm/yr SLR)이고 1997년부터 2003년 사이에는 80 $km^3$/yr(0.2 mm/yr SLR)이었다[35].

그러나 이러한 결과들은 다음과 같은 이유로 큰 불일치를 나타내고 있다. 첫째, 조사한 시간 주기의 차이를 들 수 있다. 둘째, 사용한 분석 방법의 차이를 들 수 있다. 셋째, 축적, 삭마, 만년설 치밀 작용과 각 방법에서 사용한 역학의 토대가 된 근원적인 가정에도 차이가 있다. 그러나 이들 3가지 연구 방법 사이의 차이는 빙상의 움직임에 대해 여러 방면으로 중요한 통찰력을 제공하여 그린란드 빙상 질량평형 상황을 파악하는 데 도움을

Greenland ice sheet. *Science*, 311(5763), 986-990.

35) Krabill, W. B., E. Hanna, P. Huybrechts, W. Abdalati, J. Cappelen, B. Csatho, E. Frederick, S. Manizade, C. Martin, J. Sonntag, R. Swift, R. Thomas and J. Yungel, 2004 : Greenland ice sheet : Increased coastal thinning. *Geophys. Res. Lett.*, 31, L24402, doi : 10.1029/2004GL021533.

주었다. 그중 하나는 온난화된 기후에서 빙상의 움직임을 예상해 보았다. 빙하 내부의 온도가 한랭한 경우에는 온난한 기온이 강수 가능성을 향상시켜 빙하의 내부가 성장하고, 용융과 흐름률이 증가함으로써 결과적으로 빙하의 변두리는 축소된다. 이러한 경쟁적인 현상의 상대적인 크기에 대한 불일치는 존재하지만, 증가하는 용융과 흐름률에 관련된 효과들을 결합시켜 최근 추정한 하구 빙하 가속의 크기와 규모들을 살펴보면 그린란드 빙상이 해수면 상승의 주된 요인이라는 것을 알 수 있다.

### 3) 고위도 빙하와 극관

전 세계에 분포하고 있는 빙하와 극관은 해수면을 0.5 m 상승시킬 수 있는 양의 얼음을 보유하고 있다. 이는 거대한 그린란드 빙상과 남극 빙상에 비하면 훨씬 적은 양으로 장기간에 걸쳐 보면 그리 위협적이지 않다. 그러나 빙하와 극관들은 빙상보다 크기가 작고 보통 더 온난하기 때문에 기후변화에 대한 그들의 반응도 그만큼 더 강하게 이루어질 것이다. 따라서 이들이 해수면을 상승시킬 수 있는 잠재적인 가능성은 빙상보다 더 뚜렷하게 나타날 것이다.

빙하와 극관이 가지는 얼음 양의 변화를 정량적으로 추정하는 데는 한계가 있지만, 고도와 현장 측정을 통해 고위도 지역의 현재 질량평형 상태에 대한 중요한 정보를 얻을 수 있었다. 1990년대 후반부터 알래스카에 분포하는 많은 빙하 상공에서 항공기 탐사가 이루어져 그 결과를 1950년대 중반부터 관측한 지상 자료들과 비교해 보았다[36]. 그 결과 1955년부터

36) Ardent, A. A., K. A. Echelmeyer, W. D. Harrison, C. S. Lingle and V. B. Valentine, 2002 : Rapid wastage of Alaska glaciers and their contribution to rising

40년 동안 알래스카 빙하이 얼음 손실은 −57 $km^3$/yr(0.14 mm/yr SLR)였으나 1995년부터 2000년과 2001년까지 기간 동안은 앞선 기간의 2배에 해당하는 −105 $km^3$/yr(0.27 mm/yr SLR)이 얼음이 손실된 것으로 나타났다. 이것으로 미루어 보아, 알래스카 빙하가 현재 일어나는 해수면 상승 현상의 주요 공헌자 중 하나라는 것을 알 수 있다. 2005년 여름 항공기 탐사가 또 한 번 수행되었다. 그 결과를 분석해 보면, 얼음 손실률이 천천히 일어날지 가속될지, 또는 지금까지와 동일할지 파악할 수 있을 것이다.

캐나다 극관에서 이와 유사한 항공기 탐사가 이루어져 분석한 결과 1990년대 후반 동안 체적이 많이 줄어 0.064 mm/yr의 해수면 상승에 기여하였다. 알래스카 빙하의 현황에 비하면 양은 1/4 수준이지만 감소 비율이 1990년대부터 가속되는 것으로 나타나 우려를 끼치고 있다[37]. 그린란드에서 일어난 것처럼 얼음이 사라지는 현상은 용융이 일어나는 하부에서 일반적으로 발견되고 있다. 고도가 높은 축적 대는 탐사 기간 동안 변화가 적거나 전혀 일어나지 않았다. 캐나다에서 가장 얼음의 손실이 컸던 곳은 배핀 군도로 이곳은 1990년대 동안 특별히 기온이 온난하지 않았다. 이곳에서의 변화는 19세기 동안 중단된 소빙하기의 끝부분의 연장으로 생각된다. 2005년 봄 이러한 극관에 대한 부수적인 탐사가 반복되었고 2006년에는 더 많은 탐사가 계획되고 있다. 시간 주기는 배핀 만 주변이 2000년부터 2005년 동안이 1995년부터 2000년 동안보다 더 온난하다는 것이 뚜렷하게 밝혀짐으로써 이 지역의 얼음 손실이 심화될 것으로 예상된다.

---

sea-level. *Science*, 297(5580), 382-386.

37) Abdalati, W., W. B. Krabill, E. Frederick, S. Manizade, C. Martin, J. Sonntag, R. Swift, R. Thomas, J. Yungel and R. Koerner, 2004 : Elevation changes of ice caps in the canadian archipelago. *J. Geophys. Res.-Earth Science*, 109, No. F4, F00407.

러시아 북극에서는 질량평형 측정이 대단히 드물게 이루어지지만 몇몇 측정 결과에 따르면 어느 정도 음의 질량평형이 이루어지고 있음이 나타난다[38]. 러시아령 북극 섬의 얼음 전선 퇴각에 대한 관측에 의해 이들 지역의 순 얼음 손실 현황에 대한 더 나은 결과를 얻을 수 있다[39]. 그러나 동부 스발바르 제도에 분포하는 유라시아 북극에서 가장 큰 극관인 아우스트폰나에서는 주목할 만한 얼음 성장이 일어나고 있다. 이러한 지역에 존재하는 바다 얼음 지역이 축소되어 축적이 증가함에 따라 얼음이 성장하는 것이다[40].

전반적으로 북반구 고위도에 분포하는 극관과 빙하는 순 얼음 손실을 확실하게 보여주고 있다[41]. 알래스카와 캐나다 북극에서는 1990년대 중・후반부터 손실률이 증가하고 있으나 북극 일부 지역에서는 아주 적은 양의 음의 질량평형 변화를 나타내고 있다. 결과적으로 북극에서 빙하 가속이 일어난다는 확실한 증거는 없지만 북극 온난화는 지표면 용융뿐만 아니라 강수의 증가를 초래하고 있다[42].

남극대륙 밖의 남반구 주요 고위도 얼음 지역은 파타고니아 빙원에 분포한다. 지상 야외 측정[43]과 NASA의 셔틀 레이더 지형도 작성 임무

38) Dowdeswell, J. A. and J. O. Hagen, 2004 : Arctic ice caps and glaciers. In : Bamber, J. L. and A. J. Payne(Eds.) *Mass Balance of the Cryosphere*, Cambridge University Press.

39) Glasovskiy, A. F., 1996 : Russian Arctic. In : Jania, J. and J. O. Hagen(Eds.) *Mass Balance of Arctic Glaciers*. International Arctic Science Committee Report No. 5

40) Bamber, J., W. Krabill, V. Raper and Dowdeswell, 2004 : Anomalous recent growth of part of a large Arctic ice cap : Austfonna Svalbard. *Geophys. Res. Lett.*, 31,(12), L12402. doi : 10.1029/2004GL019667.

41) Dyurgerov, M. B. and M. F. Meier, 2005 : Glaciers and the Changing Earth System : a 2004 Snapshot. *INSTAAR Occasional Paper 58*.

42) Braithwaite, R. J., 2005 : *Mass balance characteristics of Arctic glaciers*. Annals of Glaciology. 42(1), 225-229.

43) Rignot, E., A. Rivera and G. Casassa, 2003 : Contribution of the Patagonia

(Shuttle Radar Topography Mission; SRTM)에서 얻은 자료를 비교해 보면, 고위도에서 얼음 손실이 가속화되는 현상은 북반구 일부 지역에서만 한정적으로 일어나고 있음을 확인할 수 있다. 지상 측정이 이루어진 시기인 1968년부터 2000년까지, 빙원에서 손실된 얼음 양은 해수면이 0.042 mm/yr 상승된 양에 해당하지만 1995년부터 2000년 사이에는 0.105 mm/yr로 증가하였다. 파타고니아 빙원에서 일어난 얼음 손실은 알래스카 빙하보다는 적지만, 상대적인 크기로 보면 훨씬 급격하게 엷어지고 있다.

### 4) 북극지방

최근 십 년 동안 북극지방에서 인상적인 변화가 일어나고 있다. 하나는 해빙의 감소이며, 위치 변화는 거의 모든 환경에서 관측되고 있다[44]. 기후 모델에 의하면 대기 중의 온실기체의 농도가 증가하면 온난화가 먼저 나타나고 북극지방이 그 영향이 가장 큰 곳으로 나타나고 있다. 해빙과 눈덮임 지역의 감소로 노출된 면적이 증가하여 지표면에 햇빛이 더욱더 흡수됨으로써 초기 가열이 증가되고 기후 시스템에 양의 되먹임 현상을 일으킨다는 것이다. 이러한 양의 되먹임이 진행되면, 온난화는 가을과 겨울 북극해에서 특히 강하게 일어나게 된다. 이러한 '북극 증폭(Arctic amplification)'에 대한 최근의 신호에는 어떤 것이 있을까?

온실기체 증가에 따른 온난화로 전 세계 평균 지상 온도는 1880년대

---

Icefields of South America to sea-level rise. *Science*, 302(5644), 434-437.

44) Serreze, M C., J. E. Walsh, F. S. Chapin III, T. Osterkamp, M. Romanovsky, W. C. Oechel, J. Morison, T. Zhang and R. G. Barry, 2000 : Observational evidence of recent change in the northern high-latitude environment. *Clim. Change*, 46, 159-207.

이후 현재까지 약 0.7 ℃ 증가하였다[45]. 또한 과거 30년 동안 북반구 고위도 지방의 연평균 지상 온도는 전 세계 또는 북반구의 연평균보다 더 크게 상승하였다[46]. 북반구 고위도 지방에서는 단지 눈 덮인 지역이 줄어든 것으로 알려졌지만[47], 1979년에 시작된 위성 관측 기록을 분석해 보면 부유하는 해빙의 면적 또한 현저하게 감소했다는 것을 알 수 있다. 특히 2002년부터는 매년 9월마다 최소값을 나타내었다[48]. 해빙이 얇아지는 현상도 발견되고 있다[49]. 이에 관한 다른 연구에서는 북극 토양과 영구동토의 온난화, 툰드라로부터 관목으로의 식생 변화, 시베리아 지방에서 북극으로 배수되는 강물의 방출 등을 지적하고 있다[50]. 고기후학 증거에 따르면 최근 10년간의

---

45) Jones, P. D. and A. Moberg, 2003 : Hemispheric and large scale surface air temperature variations : an extensive revision and an update to 2001. J. Clim. 16, 206-223.

46) Polyakov, I. V., G. V. Alekseev, R. V. Bekryaev, U. Bhatt, R. Colony, M. A. Johnson, V. P. Karklin, A. P. Makshtas, D. Walsh and A. V. Yulin, 2002 : Observationally based assessement of polar amplification of global warming. *Geophys. Res. Lett.*, 29, GL011111.

47) Armstrong, R. L. and M. J. Brodzik, 2001 : Recent Northern Hemisphere snow extent : a comparison of data derived from visible and microwave sensors. *Geophys. Res. Lett.*, 28, 3673-3676.
Comiso, J., 2006 : Arctic warming signals from satellite observation. *Weather*, 61, 70-76.

48) Stroeve, J. C., M. C. Serreze, F. Fetterer, T. Arbetter, M. Meier, J. Maslanik and K. Knowles, 2005 : Tracking the Arctic's shrinking ice cover : Another extreme September minimum in 2004. *Geophys. Res. Lett.*, 32, L0451, doi : 10.1029/2004GL021810.

49) Rothrock , D. A., J. Zhang and Y. Yu, 2003 : The Arctic ice thickness anomaly of the 1990s : A consistent view from observations and models. J. *Geophys. Res.*, 108(C3), 3083, doi : 10.1029/2001JC0012083.
Lindsay, R. W. and J. Zhang, 2005 : The thinning of arctic sea-ice, 1988-2003 : have we passed a tipping point? *J. Clim.* 18, 4879-4894.

50) Peterson, B. J., R. M. Holmes, J. W. McClelland, C. J. Vorosmarty, R. B. Lammers, A. I. Shicklomanov, I. A. Shiklomanov, S. Rahmstorf, 2002 : Increasing

북극지방 기온은 과거 400년 동안 가장 높다[51]. 이러한 사실로 미루어 보아 북극지방의 기후 시스템이 전적으로 새로운 상태로 향하고 있다는 것을 알 수 있다[52].

이러한 증거는 북극 증폭의 전조와 대체로 일치하지만, 여러 가지 요인들로 인해 복잡한 양상을 띤다. 전 세계 기후를 모의하고자 하는 거의 모든 기후 모델들은 온실기체 농도가 계속적으로 증가할 것이라는 가정 하에서 북극 증폭을 예측하고 있지만, 지상 기온 변화의 시작, 계절성, 크기, 공간 분포 형태에 따라 많은 차이점이 존재한다[53]. 기록된 기간이 짧고 관측 장소가 부족하여 관측 자료로부터 북극 증폭에 대한 최근의 신호를 알아내고자 하는 시도에도 어려움을 겪고 있다. 특히 북극해에서는 표류 부이와 위성 관측에 의한 자료가 25년 동안밖에 유용하지 못하다.

게다가 자연적인 기후 순환에서 변화를 진단하고 예측한다는 것은 매우 어려운 일이다. 예를 들면, 1970년부터 현재까지 기온 경향은 북반구 전체보다 북극지방에서 더 크게 나타나지만, 21세기 시작부터 현재에 이르기까지의 자료를 사용하여 동일한 계산을 해 보면 북극지방과 북반구 전체 사이에는

---

river discharge to the Arctic Ocean. *Science*, 298, 2171-2173.

51) Overpeck, J., K. Hughen, D. Hardy, R. Bradley, R. Case, M. Douglas, B. Finney, K. Gajewski, G. Jacoby, A. Jennings, S. Lamourex, A. Lasca, G. MacDonald, J. Moore, M. Retelle, S. Smith, A. Wolfe and G. Zielinski, 1997 : Arctic environmental change of the last four centuries. *Science*, 278, 1251-1256.

52) Overpeck, J. T., M. Sturm, J. A. Francis, D. K. Perovich, M. C. Serreze, R. Benner, E. C. Carmack, F. S. Chapin III, S. C. Gerlach, L. C. Hamilton, L. D. Hinzman, M. Holland, H. P. Huntington, J. R. Key, A. H. Lloyd, G. M. Macdonald, J. Mc Fadden, D. Noone, T. D. Prowse, P. Schlusver and C. Vörösmarty, 2005 : Arctic system on trajectory to new state. *EOS Trans.*, 86, 309, 312-313.

53) Holland, M. M. and C. M. Bitz, 2003 : Polar amplification of climate change in coupled models. *Clim. Dyn.*, 21, 221-232.

거의 차이가 나타나지 않는다. 북극 진동(Arctic Oscillation; AO)이나 태평양 10년 진동(Pacific Decadal Oscillation; PDO) 같은 대기순환 패턴의 위치 이동이 최근 변화의 일부분을 설명하고 있다. 북극지방, 특히 아이슬란드 저기압 주변부에서 일어나는 지상 기압의 하강과 관련되어 나타나는 북극 진동의 위치 이동은, 1970년 무렵부터 1990년대 중반까지 시베리아 대륙에서 일어난 온난화와 북미 북동부 지방의 한랭화와 연관된다[54]. 이에 따른 바람 장의 변화는 해빙 지역을 쪼개는 데 도움을 주었다[55]. 1951년부터 2001년까지 이루어진 알래스카의 온난화는 1951년부터 1976년까지 진행된 알류샨 저기압의 약화로 특성화된 음의 위상으로부터 1977년부터 2001년까지 일어난 알류샨 저기압의 강화로 특성화되는 양의 위상까지 나타난 태평양 10년 진동에서 돌연한 위치 변화에 일부 연관될 수 있다. 후자 기간 동안 강화된 알류샨 저기압은 북극 지역으로 온난·습윤한 공기를 수송시켰다[56].

북극지방 지상 기온에서 나타난 큰 변동은 그림 5-9에서 확실하게 확인할 수 있다. 여기에서는 시간과 북위 30° 이상의 위도에 따른 아노말리를 볼 수 있다[57]. 그림 5-9는 육상 관측소, 1979년부터 해빙에 설치한 표류

---

54) Hurrell, J. W., 1996 : Decadal trends in the North Atlantic Oscillation : regional temperatures and precipitation. Geophys. Res. Lett., 23, 665-668.
Thompson, D. W. J. and J. M. Wallace, 1998 : The Arctic Oscillation signature in the wintertime geopotential height and temperature fields. *Geophys. Res. Lett.*, 25, 1297-1300.

55) Rigor, I. G., J. M. Wallace and R. L. Colony, 2002 : Response of sea-ice to the Arctic Oscillation. *J. Clim.* 15, 2648-2663.

56) Hartmann, B. and G. Wendler, 2005 : On the significance of the 1976 Pacific climate shift in the climatology of alaska. *J. Clim.* 18, 4824-4839.

57) Johanessen, O. M., L. Bengtsson, M. W. Miles, S. I. Kuzmina, V. A. Semenov, G. V. Aledseev, A. P. Nagumyi, V. F. Zakharov, L. P. Bobylev, L. H. Pettersson, K. Hasselmann and H. P. Cattle, 2004 : Arctic climate change : observed and modelled temperature and sea-ice variability. *Tellus,* 56A, 328-341.

부이, 1950년부터 1991년까지 해빙 상에 산개된 러시아 기상 관측소, 유럽 중기예보센터(European Center for Medium-range Weather Forecasts; ECMWF) ERA-40 재분석 프로젝트 자료를 융합시킨 것이다. 초기 기록이 부족하긴 하지만, 북극지방은 1890년부터 1920년 사이의 평균값보다는 더 한랭한 것으로 보인다. 1920년부터 1940년까지 북극지방은 해양 순환과 해빙 넓이의 변화에 연관되어 뚜렷하게 온난화되었다[58]. 1940년부터 1990년까지의 기간 동안에는 한랭화 현상이 일어났고, 그런 다음 1990년부터 현재까지는 강한 온난화가 각별히 나타났다. 현재 강력한 온난화는 앞서의 에피소드와 2가지 면에서 다르게 나타난다. 첫째, 현재의 온난화는 모든 위도상에서 일어나는 것으로 이는 온실기체의 증기에 따른 예상과 일치하고 있다. 둘째, 북극해의 북쪽에 더 강한 온난화가 심화되었는데 이는 북극 증폭의 지문이라 할 수 있다.

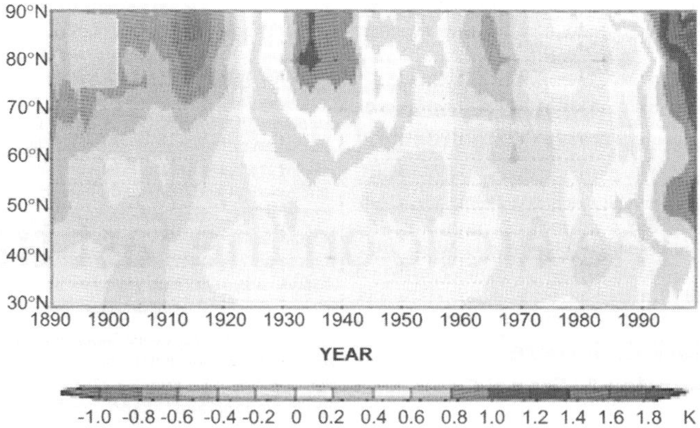


**그림 5-9** 북위 30° 이상 북쪽에서 1891년부터 1999년까지 연 평균 지상 기온 아노말리의 대상 평균 시계열.(출처:Johanessen et al., 2004)

58) Bengtsson, L., V. A. Semenov and O. M. Johannessen, 2004 : The early twentieth-century warming in the Arctic-a possible mechanism. *J. Clim.*, 17, 4045-4057.

양의 기후 되먹임이란 개념은 기후 시스템 내의 초기 변화가 변화를 증폭시키는 일련의 사건들이 연달아 일어나도록 유발시키는 것이다. 북극 증폭을 온실기체 증가 요인으로만 고려한다면, 북극 증폭은 소위 말하는 얼음-알베도 되먹임에 주로 관계하게 된다. 간단히 말하면 온난화 현상으로 해빙과 눈이 녹으면 지표면이 노출되어 태양복사가 더 많이 흡수하게 된다. 이렇게 되면 온난화 현상이 더 증가되어 더 많은 양의 해빙과 눈이 녹고 이것이 온난화를 더 가속시키는 악순환이 반복된다.

이러한 되먹임 현상은 지구의 눈 대부분이 분포하는 한대 지역에서 가장 강해질 것이다. 한대 지역은 많은 해에서 강한 하층 역전층이 발견되고 있으며, 역전층은 공기 혼합을 제한함으로써 지상 부근을 집중적으로 가열시키게 된다. 북극지방은 남극대륙보다 기온 변화에 더 민감하다. 북극지방이 남극대륙보다 더 온난하고 용융점에 더 근접해 있어, 얼음과 눈을 더 쉽게 제거할 수 있기 때문이다. 그러나 더 자세히게 조사해보면, 되먹임은 그렇게 간단하지 않다. 지상기온이 결빙점에 도달하면 수많은 과정들이 일어난다[59]. 눈이 녹으면 눈 조직의 크기가 증가하여 눈 알베도를 감소시키고 용융률을 가속화시켜 알베도를 감소시킨다. 또 해빙이 녹을 때는 지표면에 물웅덩이가 형성되어 알베도를 감소시킨다. 해빙에 구멍이 많이 생기면 태양복사의 부수적인 흡수가 일어나 부빙의 가장자리와 밑 부분에서 용융이 일어나고 향상시킨다[60].

되먹임을 작동시키기 위해서는, 흡수된 여분의 열의 일부가 북극지방으로 들어오는 태양 에너지가 미비하거나 전혀 없는 겨울을 통하여 다음

59) Curry, J. A., J. E. Schramm and E. E. Ebert, 1995 : On the ice albedo climate feedback mechanism. *J. Clim.*, 8, 240-247.

60) Grenfell, T. C. and D. K. Perovich, 2004 : Seasonal and spatial evolution of albedo in a snow-ice-land-ocean environment. *J. Geophys. Res.*, 109, C01001.

해까지 수행되어야 한다. 북극해의 가열과 부유하는 해빙 지역의 넓이와 두께 사이의 상호작용은 이 점에서 특히 중요하다. 봄에서부터 가을까지 전형적인 두께가 1~4 m인 해빙은 더 한랭해져 북극해를 격리시킨다. 만약 여름 동안 해빙의 많은 부분이 없어지면, 해양은 더 많은 열을 흡수하게 될 것이다. 해빙은 가을과 겨울 동안 여전히 성장하지만, 얼음 성장은 지체될 것이고 형성되는 얼음은 전년도에 비해 엷어질 것이다. 그러므로 격리 효과는 약화된다. 여름철 해양에 더해지는 일부 여분의 열은 대부분 빙원 중의 물길(lead)과 빙호(polynyas)를 통하여 대기를 덥힌 다음 벗어난다. 이러한 해양의 열 손실은 지표면 온도 변화가 왜 가을과 겨울에 해양상에서 가장 강하게 일어나는지 설명해 준다. 그러나 여분의 해양 열의 일부는 해양 내에 유지되어 봄이 오면 얼음이 엷어질수록 용융이 더 앞서 시작되는 원인이 될 것이다. 여름에 검은 해양의 넓은 지역이 햇빛에 노출되면 태양 에너지를 많이 흡수하게 된다. 이렇게 되면 해양에 축적되는 열의 양이 더욱더 증가하게 된다. 그 다음 해 가을과 겨울의 얼음 성장은 다시 지체되고 얼음은 더 엷어지게 된다. 해양 열의 일부는 다시 대기로 달아나지만 일부는 그대로 남아 되먹임 현상을 영속시킨다. 동시에 온실기체의 직접적인 복사 효과는 더 강해지고 있다. 최종적으로 용융 계절에 살아남는 해빙이 하나도 없게 된다면, 여름에는 얼음이 하나도 없는 북극해를 보게 될 것이다. 일부 기후 모델은 2070년경 이러한 일이 일어날 것으로 예측하고 있다.

최근 온난화가 바로 다른 자연 기후 진행인가 또는 온실기체에 유발된 북극 증폭의 최근 신호를 보는 것인가? ACIA 모델에 따르면, 북극해의 증폭이 두드러지는 것은 30~40년 후가 될 것이라 예측하고 있다. 다음 십 년 또는 그 이후에는 자연 기후 변동성에 동반되어 해빙이 얇아지고 퇴각하는 것으로 나타나는 북극해 신호를 가진 거대한 온난화를 볼 수 있게 될 것이다. 관측적인 추적도 모델 결과와 유사하다. 최근 북극지방 온난화는 전 세계적인 신호의 일부분이다. 해빙이 감소하면서 북극해에서 지역 온난화가 최대로 일어난다는 설명을 뒷받침해 주고 있다. 자연 변동이 강하게 제시되고 있다.

복잡하게 하는 요인들이 존재한다. 수많은 연구에서 온실기체 농도 증가가 북극지방 온난화를 조장하는 겨울철 북극 진동의 양의 모드를 이끌어 낼 것으로 예측하고 있다[61]. 흥미로운 관측 자료에 의하면 1990년대 중반 강한 양의 상태를 나타내는 북극 진동의 위치 변이는 중립 조건을 더 많이 감퇴시킨 결과로 일어난 것으로 알려지고 있다. 만약 이러한 연구들이 옳다면, 이러한 최근 감퇴는 자연 변동성이 온실기체 강제(forcing)와 중첩된 것으로 판단될 것이다. 또한 북극 진동, 해빙, 온도 사이의 관련성을 고려하는 논쟁의 여지도 남아 있다.

앞서 언급한 바와 같이, 북극 진동 양의 위치변이로 북극지방 일부분 특히 시베리아에서 강한 온난화 현상이 나타나고 있다. 이것은 열 수송의 패턴이 변경됨으로써 이루어졌다. 또 변경된 바람이 시베리아와 알래스카 연안을 따라 불어 겨울 해빙을 물리적으로 깨트리는 데 도움을 주고 있다. 이것이 봄에 얼음을 엷게 만들어 여름에 쉽게 용융하도록 한다. 이러한 얼음의 엷어짐은 또한 대기 쪽으로 더 큰 열 플럭스를 만들어 북극해에서 지역 온난화에 공헌하도록 한다[62].

---

61) Gillett, N. P., H. F. Graf and T. J. Osborn, 2003 : Climate change and the North Atlantic Oscillation. In : Hurrell, J. W., Y. Kushnir, G. Ottersen and M. Visbeck(Eds.) *The North Atlantic Oscillation : Climatic Significance and Environmental Impact*. Geophysical Monograph, 134, American Geophysical Union.

62) Rigor, I. G., J. M. Wallace and R. L. Colony, 2002 : Response of sea-ice to the Arctic Oscillation. *J. Clim.* 15, 2648-2663.

북극 진동이 양의 상태로부터 퇴각하게 되면, 북극지방은 얼음 덮인 지역이 복구되어 더 한랭한 조건으로 복귀할 수 있지만 이런 현상은 현재 관측되고 있지 않다. 북극지방은 계속 온난화되고 있으며[63], 해빙의 감소가 가속화되고 있다[64]. 2005년 9월 얼음이 덮인 지역이 위성 기록에서 가장 작은 값을 보였다.[65] 아마도 우리는 과거 높은 상태였을 때의 효과를 지속적으로 보고 있는 것 같다. 북극 진동이 강하게 양의 상태를 나타낸 1989년부터 1995년까지의 자료를 분석해 보면, 변경된 바람이 많은 양의 두꺼운 북극 얼음을 북대서양 쪽으로 밀어냈다는 것을 볼 수 있다[66]. 밀려온 얼음은 엷어져서 여름에 아주 쉽게 완전히 녹게 된다. 북극 진동의 퇴화에도 불구하고, 북극지방은 이런 수세식 에피소드(flushing episode)로 복귀되지 않는다.

아주 최근의 많은 연구에서는 상이한 견해를 나타내고 있다. 바람에 의해 유도된 얼음-해양 모델과 국립환경예측센터(National Center for Environmental Prediction; NCEP)가 만든 온도 자료를 이용하여, 1948년부터 1999년까지 얼음 두께와 체적 변화를 모의하였다[67]. 그들은 1980년대 후반부터 1990년대 중반까지 변경된 바람이 얼음 두께를 급격하게 감소시킨 것으로 결론지었지만, 전체적인 하강 경향은 북극지방 온도의 상승과 크게 연관된다. 온난화 때문에 해양에 흡수되는 태양 에너지의 양은 더욱더 많아

---

63) Serreze, M C. and J. A. Francis, 2006 : The Arctic amplification debate. *Clim. Change*, 76, 241-264.

64) Serreze, Mark C. and Jennifer A. Francis., 2006 : The Arctic on the fast track of change. *Weather*, 61(3), 65-69.

65) http://nsidc.org/data/seaice_index

66) Rigor, I. G. and J. M. Wallace, 2004 : Variations in the age of Arctic sea-ice and summer sea-ice extent. *J. Geophys. Res.*, 31, L09401.

67) Rothrock , D. A. and J. Zhang, 2004 : Arctic Ocean sea-ice volume : What explains its recent depletion? *J. Geophys. Res.*, 110, C01002.

져, 여름에 해양에 얼음이 하나도 없는 경우도 생긴다. 가을과 겨울에 얼음이 덜 성장되면, 그 다음해 여름에는 얼음이 더욱더 쉽게 녹을 것이다. 다시 말하면, 얼음-알베도 되먹임이 작동하게 된다.

## 4. 지구온난화가 끼칠 수 있는 영향

이산화탄소 혼합비는 1990년 355 ppmv에서 2100년 540 ppmv로 증가할 것으로 예상되고 있다. 이 기간 동안, 전 세계 지상 기온은 1.4~5.8 ℃ 증가할 것으로 추정된다. 지구온난화가 끼칠 수 있는 영향을 살펴보면 다음과 같다.

### 1) 해수면 상승

온도 상승이 해수면에 영향을 미치는 것에는 적어도 2가지 방법이 있다. 첫째, 온도가 올라가면 빙상과 해빙이 녹아 해양에 물을 첨가시키게 된다. 둘째, 액체수의 밀도는 온도가 증가함에 따라 감소하기 때문에, 온도가 올라가면 물이 팽창되어 해수면이 올라간다. 전 세계적으로 일어난 역사적인 온도 변화는 해수면의 변화와 상관관계를 가지고 있다. 석탄기 중반인 1억2천만 년 전부터 9천만 년 전까지 온도가 최고조로 달했을 때, 지구의 극관은 녹았고 해수면은 전대미문으로 상승하여 대륙 육지의 20 %가 침수되었다. 오늘날, 눈과 얼음은 지구 전체 표면적의 3.3 %를 차지하고 있으며 총 얼음 체적은 약 2,500만 $km^3$이다. 만약 이 얼음들이 다 녹는다면, 해수면은 약 65 m 상승하게 될 것이다. 20세기 동안 해수면은 약 20 cm 상승하였으며 2100년에 이르면 10~90 cm 상승할 것으로 예상되고 있다[68].

빙상, 빙하, 해빙이 녹음는 현상과 이에 따르는 해수면 상승이 확실하다고 하더라도, 향후 500년 동안 해수면이 크게 상승할 것으로 보이지는 않는다. 해수면 상승의 최대 원인은 동남극 빙상, 서남극 빙상, 그린란드 빙상, 북극해의 해빙, 알래스카 남동부의 큰 계곡 빙하와 산록 빙하, 중앙아시아의 빙하의 용융이라고 볼 수 있다. 해상에 형성된 서남극 빙상은 육상에 형성된 동남극 빙상보다 크기가 훨씬 작다. 따라서 서남극 빙상은 동남극 빙상보다 훨씬 더 불안정하다[69]. 만약 이들이 모두 녹는다면, 동남극 빙상과 서남극 빙상은 55~60 m의 해수면 상승을 이루게 될 것이다[70]. 그러나 서남극 빙상은 이러한 상승에 단지 5 m 정도만 역할을 한다[71]. 만약 극단적인 지구온난화가 발생한다면, 동남극 빙상보다 상대적으로 불안정한 서남극 빙상은 훨씬 더 쉽게 붕괴될 것이다. 서남극 빙상의 붕괴는 아마도 약 500년의 세월 동안 이루어질 것이다[72]. 현재 동남극 빙상은 전 세계 온도가 올라감에 따라 빙상으로부터 공급되는 물이 증가하여 점차 커지고

68) Intergovernmental Panel on Climate Change (IPCC), 2001 : *Third Assessment Report. Climate Change 2001 : The Scientific Basis*. Houghton et al. eds. Cambridge University Press, New York, 881 pp.

69) Stuiver, M., G. H. Denton, T. J. Hughes, J. L. Fastook, 1981 : History of marine ice sheet in West Antarctica during the last glaciation : A working hypothesis. In *The Last Great Ice Sheets*, Denton, G. H. abd T. J. Hughes eds. Wiley-Interscience, New York, 319-436.

70) Denton, G. H., R. L. Armstrong and M. Stuiver, 1971 : The late Cenozoic glacial history of Antarctica. In *The Late Cenozoic Glacial Ages*, Turekian, K. K. Ed. Yale University Press, New Naven, Conn. 267-306.

71) Mercer, J. H., 1978 : West Antarctic ice sheet and CO2 greenhouse effect : A threat of disaster. *Nature*, 271, 321-325.

72) Bentley, C. R., 1984 : Some aspects of the cryosphere and its rose in climatic change. In *Climate Processes and Climate Sensitivity*. Hansen, J. E. and T. Takahashi, eds. Geophys. Mono. 29, AGU, Washington DC, 207-220.

있다. 지구온난화가 확대된다면 이러한 경향도 역전될 수 있고 결국에는 동남극 빙상도 붕괴되어 50~55 m의 해수면 상승을 이룰 수 있다. 그러나 그러한 일은 수천 년의 세월이 지나야 가능할 것이다[73].

비록 작은 양이라 하더라도 해수면 상승은 해안 저지대의 홍수와 해수면 바로 위에 있는 일부 편평한 섬들이 사라지는 결과를 낳는다. 세계에서 가장 인구 밀도가 높은 국가인 방글라데시가 특히 이러한 위험에 노출되어 있다. 해수면이 1 m 상승되면 1,700만 명의 주민들이 주택을 잃게 만들 수 있다. 해수면 아래에 놓여 있는 미국 루이지애나 주 뉴올리언스는 이와 유사한 홍수의 위험에 처해 있다. 투발루(Tuvulu; 그림 5-10)는 하와이와 오스트레일리아 사이의 중간 지점에 위치하고 있는 남태평양에 있는 9개의 환초로 연결되어 있다. 투발루는 총 육지 면적이 26 km$^3$으로 워싱턴 D. C.의 약 1/10이고 해안선의 길이는 24 km이고 주민은 약 1만 명이다. 해수면이 2 m 상승하면 나라 전체가 사라지게 될 것이다.

**그림 5-10** 투발루 국가를 구성하는 9개의 환초 중의 하나인 푸나푸티 환초의 일부분인 푸아로파(Fualopa) 섬. 푸아로파 섬은 보존지로서 사람이 살지 않는 곳이다. (출처 : Jacobson, 2002)

73) Crowley, T. J. and G. R. North, 1991 : *Paleoclimatology*. Oxford University Press, New York.

### 2) 지역 기후와 농업의 변화

지구온난화는 지역적이고 일시적인 온도 변동을 일으키기 쉽다. 극도로 더운 날이 많아지고 극도로 추운 날은 줄어든다. 일부 지역에서는 가뭄이 증가하고 다른 지역에서는 홍수가 증가할 것이다. 전 세계적으로 평균 강수 강도와 극도의 강우 사건이 증가할 것으로 예상된다. 지역 기후의 변화는 생육할 수 있는 농업 지역의 이동을 야기한다. 농작물은 일시적으로는 너무 한랭하거나 너무 건조한 지역에서도 자랄 수 있지만, 너무 뜨겁거나 너무 습해지면 죽을 수 있다. 지구온난화가 식량 공급을 장기간 증가시킬 것인지 감소시킬 것인지에 대해 결정하는 것은 어려운 일이나, 농작물 생육 지역의 이동은 확실하다[74].

식물은 온도, 이산화탄소 수준 또는 수증기 수준이 온화하게 증가하면 성장할 수 있기 때문에, 온도와 수분이 온화하게 변화하는 지역에서는 농업이 번성할 수 있다. 극도의 변동이 일어나면 농업이 망하게 된다. 온도가 이미 고온인 아프리카의 아열대 사막 지역에서 농업은 기후의 변덕에 직접적인 영향을 받고 있으며 수백만 명의 사람들이 국지 식량 공급에 의존한다. 기후가 조금만 변화해도 과거에 일어났던 것과 같은 기아를 유발할 수 있다.

### 3) 생태계의 변화

급격하고 연속적인 온도 증가는 좁은 기후 조건에 익숙한 많은 종들의

74) Wuebbles, D. J., 1995 : Air pollution and climate change. In *Composition, Chemistry and Climate of the Atmosphere*, Smith, H. B., ed. Van Nostrand Reinhold, New York.

멸종을 야기할 수 있고 이들 종이 기후변화율보다 더 빠르게 이주하지 못할 수도 있다. 이산화탄소 수준 증가가 삼림의 원기를 북돋워주기는 하지만, 급격한 온도 증가는 열대 지역에서 삼림 고사를 일으켜 광합성에 의한 이산화탄소 제거율과 호흡에 의한 방출률에 영향을 미친다.

### 4) 인간 건강에 대한 영향

지구 온도가 증가하면, 온도가 이미 고온인 지역에서 살고 있는 사람들은 온화한 기후에서 살고 있는 사람들보다 스트레스나 열과 관련된 건강 문제들을 더 경험하게 될 것이다. 반면 현재 한랭 기후 내에 살고 있는 사람들은 스트레스를 덜 받게 된다. 땀띠와 일사병과 같은 열과 관련된 건강 문제는 일반적으로 노인들에게 영향을 미치고, 일반 주민보다는 질병을 앓고 있는 사람들에게 더 영향을 미친다. 지구온난화의 결과로 발생하는 강수의 증가는 모기의 개체수도 증가시키고 질병을 옮기는 다른 벌레들의 개체수를 증가시킬 수 있다.

이산화탄소, 메탄, 아산화질소는 현재의 혼합비 상태에서는 직접적으로 인간 건강에 해를 끼치지는 않는다. 그럼에도 불구하고 이들 기체들의 혼합비가 증가하면 기후변화에 영향을 미쳐 간접적으로 인간 건강에 영향을 미칠 위험이 있다. 지구온난화의 다른 원인인 BC 분진은 보다 직접적으로 인간 건강에 영향을 미치게 될 것이다. BC는 주로 초미세 입자들로 방출된다. 의생태학적 연구에 의하면, 배경 수준 이상 직경 2.5 μm 미만의 입자들에 노출되면 사망률이 증가하고 질병이 증가하며, 어른과 어린이의 심장 기능이 감소한다고 보고하고 있다[75].

### 5) 성층권 오존에 대한 영향

지구온난화 현상은 늦어도 1958년 이후부터는 성층권 한랭화에도 영향을 끼쳤다. 성층권의 한랭화는 적어도 3가지 방법으로 오존층에 영향을 미치고 있다.

첫째, 한랭화는 오존을 생산하고 파괴하는 화학반응의 비율에 영향을 미친다. 온도가 낮아지면 많은 반응들이 더욱 느리게 진행되는 반면, $O(g) + O_2(g) + M \rightarrow O_3(g) + M$의 반응은 더욱더 급격하게 일어난다. 따라서 기체 화학만을 고려한다면, 성층권의 한랭화는 전 세계 성층권 오존을 약간 증가시킨다.

둘째, 한랭화는 물의 포화증기압을 감소시켜 배경 성층권의 황산-물 에어로졸 입자들이 더 크게 성장하도록 한다. 이들 에어로졸 입자들의 크기 성장은 그들의 표면에서 일어나는 이질 반응률을 증가시킨다. 그러한 반응들은 광 해리를 통해 오존을 파괴하는 물질인 염소 기체들을 만들기 때문에, 만약 이 효과만을 고려한다면 성층권 온도의 감소가 전 세계 성층권 오존을 감소시킬 수 있다.

셋째, 성층권의 한랭화는 한대성층권구름(Polar Stratospheric Clouds; PSCs)의 발생 빈도, 크기, 생존 시간을 증대시킨다. 1형 PSCs(Type I PSCs)은 195 K 미만에서, 2형 PSCs(Type II PSCs)는 187 K 미만에서 형성된다. 성층권 한랭화는 겨울 동안 한랭화가 발생하지 않는 경우보다 이들 임계값 미만의 온도를 더 빈번하게 발생시키고, 더 오랜 기간 동안 지속하게 함으로써,

75) Pope, C. A. III and D. W. Dockery, 1999 : Epidemiology of particle effects. In *Air Pollution and Health, Holgate*, S. T., J. M. Samet, H. S. Koren, and R. L. Marynard, eds., Academic Press, San Diego, 673-705.

1형과 2형 PSC 생존시간과 크기를 늘리고 각각 남반구와 북반구의 봄 동안 남극과 북극 오존 파괴를 증대시킨다.

요약하면, 지상 부근의 지구온난화의 결과로 일어나는 성층권 한랭화는 전 세계 성층권의 오존에 반대적인 효과를 가지고 있지만, 남극과 북극 상공 오존 파괴를 일으킨다.

## 5. 지구온난화의 규제적인 조절

모든 나라들이 온실기체와 블랙 카본들을 방출하기 때문에 지구온난화는 국제적인 문제이며, 그러한 오염물질들에 의해 유발되는 온도 변화에 의해서 영향을 받는다. 그림 5-11은 1977년 가장 많은 양의 온실기체를 방출하는 국가들이 미국, 중국, 러시아라는 것을 보여주고 있다. 중미, 남미, 아프리카의 모든 국가들을 합치면 전 세계 총량의 8.8 %를 차지한다.

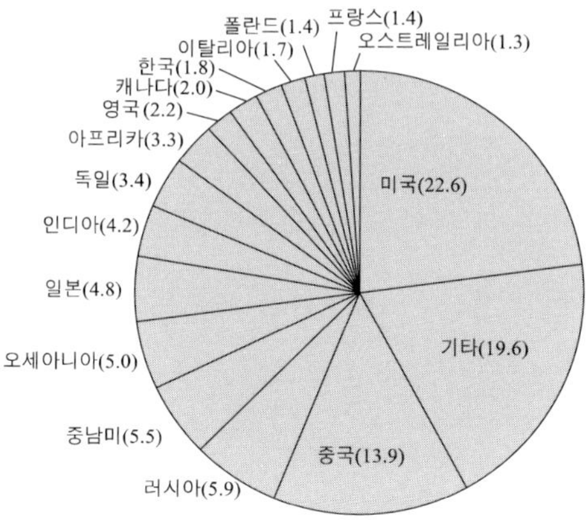


**그림 5-11** 1997년 국가 또는 대륙에 의해서 방출되는 세계 이산화탄소의 백분율. (출처 : Marland et al., 2000)

그림 5-12는 1977년 각 나라에서 1인당 방출하는 탄소의 양을 나타내고 있다. 그림에서 보면, 1인당 방출은 산유국, 특히 카타르와 아랍에미리트 연합국, 쿠웨이트에서 가장 높았다. 그러나 이들 국가들은 인구가 비교적 적기 때문에, 그들 나라에서 방출하는 총량은 적다. 미국은 1인당 방출량도 많지만 총 방출률도 높다.

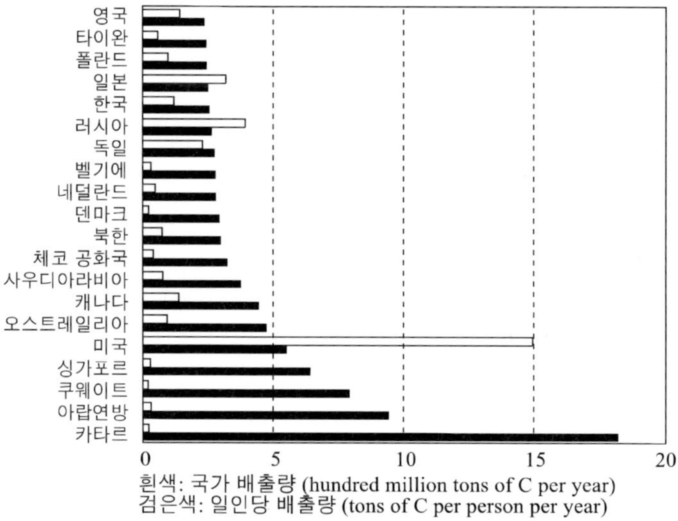


**그림 5-12** 1997년 이산화탄소 내에서 1인당 및 국가별 탄소 방출량. 여기 제시된 나라들은 1년 동안 1천만 톤 이상의 탄소를 배출하는 것으로 한정하였다.(출처 : Marland et al., 2000)

지구온난화는 국가간에 불화를 일으킬 수 있는 극히 정치적인 문제이다. 많은 산업들이 화석연료의 연소에 의존하고 있기 때문이다. 대체 에너지로의 전환은 보통 비경제적이거나 만족스럽지 못한 경우가 많다. 새롭게 산업화되는 많은 국가들은 그들의 경제력을 확산시키기 위해서는 화석연료의 사용을 증가시키는 것이 가장 경제적인 수단이라는 것을 발견하게 된다.

도시 대기오염, 산성비 또는 전 세계 오존 문제와는 다르게, 국가와 국제 정부들은 지구온난화를 조절하는 데 큰 노력을 기울이지 않았다. 예를 들면, 미국은 지금까지도 지구온난화의 위협을 직접적으로 조절하는 연방 규제가 없다. 청정 공기 수정 법안을 통한 자동차 배출의 규제는 자동차 주행 거리를 개선하여 간접적으로 이산화탄소를 저감시켰다. 미국 연방 세금 코드에는 1970년 후반부터 새로운 에너지 개발과 에너지 효율성 개선에 대해 장려금을 지급한다고 발표하여 간접적으로 이산화탄소를 저감시키고 있다. 그럼에도 불구하고, 세금 장려금은 동시에 화석연료 에너지원의 개발에도 지불되었으며 1980년대에는 오히려 대체 에너지원에 대한 세금 장려금이 극도로 삭감된 반면 화석연료에 대한 장려금은 증액되었다.

1990년 청정 공기 수정 법안에서는 미국 환경보호청으로 하여금 CFCs의 잠재적인 영향과 지구온난화에 대비한 대체물의 목록을 제시하도록 요구하였다. 이에 따라 지구온난화 문제의 인식이 확대되었다. 모든 국가들은 연료세를 증대하였으며, 덴마크, 네덜란드, 핀란드, 노르웨이, 스웨덴은 1990년 중반 특별히 탄소세를 부과하였다. 덴마크는 휘발유, 천연가스, 바이오 연료를 제외한 모든 이산화탄소 배출원에 세금을 부과하였다. 네덜란드는 연료로 사용되는 모든 에너지원에 세금을 부과하였다. 핀란드는 모든 화석연료에 세금을 매겼다. 노르웨이는 광물 오일, 휘발유, 해양 오일 필드에서 태우는 가스, 석탄, 코크에 세금을 징수하였다. 스웨덴은 오일, 등유, 석탄, 코크, 기타 에너지원에 세금을 부가하였다.

1992년 5월 9일, 국제연합은 브라질 리우데자네이루(Rio de Janeiro)에서 발표된 전 세계 기후변화를 다룬 국제 조약을 받아들였다. 이 조약을 기후변화에 관한 유엔 기본협약(United Nations Framework Convention on Climate Change)이라 부르며, 조인 국가들은 온실기체 배출 현황과 앞으로의 배출계획 목록들을 제시하고 온실기체 배출을 저감시키는 정책을 개발하며 배출을 저감시키는 기술을 장려하도록 권장되었다. 1994년 184개국들은 협약을 체결하였고 대부분의 국가들은 이것을 비준하였다. 1995년 협정에 관련된 국가들은 제안된 정책들을 자세하게 논의하고 이를 이행하는 목표 시일을 논의하기 위해 독일 베를린에서 만났다.

1997년 12월, 베를린 모임에서 제안된 정책들을 마무리짓기 위해서 일본 도쿄에서 11일간의 국제적인 콘퍼런스가 열렸다. 이 콘퍼런스는 온실기체의 배출을 조절하도록 기획된 국제 협약인 교토의정서(Kyoto Protocol)를 채택하였다. 교토의정서는 공업 국가들에게 2008년에서 2012년까지 온실기체 배출을 감축할 것을 요구하였다. 온실기체에는 이산화탄소, 메탄, 아산화질소, 하이드로플로오로카본, 과탄화플루오르, 6플루오르화유황들이 포함되어 있다. 이산화탄소, 메탄, 아산화질소 배출의 감축은 1990년 배출량까지 내리도록 하였다. 다른 기체들은 1990년 또는 1995년 배출에 맞춰 감축하게 하였다. 표 5-1은 선진 공업 국가들이 약속한 온실기체 배출 감축 할당량이다. 일부 국가들은 배출 증가를 허용하였다. 모든 공업 국가들에게 부가된 배출의 순 변화는 5.2 %였다. 국가들은 여러 방법 중의 하나를 택해 감축하도록 허용되었다. 그중 하나는 개발도상국에서 배출-감축 프로젝트를 제공하는 것으로 배출 한계를 정하는 것은 아니었다. 나무 심기, 삼림 보호, 에너지 효율성 개선, 대체 에너지원 사용, 에너지와 수송 분야 개혁, 영의 배출을 위한 기술 창출, 현존하는 기술을 이용한 배출 감축 등은 다른 메커니즘이다.

**표 5-1** 교토의정서에 의해 선진국에 부과된 배출 저감률.(출처 : Jacobson, 2002)

| 국가 | 배출 변화 백분율 |
|---|---|
| 스위스, 중부 유럽, 유럽 연합 | −8 |
| 미국 | −7 |
| 캐나다, 헝가리, 일본, 폴란드 | −6 |
| 러시아, 뉴질랜드, 우크라이나 | 0 |
| 노르웨이 | +1 |
| 오스트레일리아 | +8 |
| 아이슬란드 | +10 |

2001년 7월 말, 178개국이 교토의정서에 서명하였다. 세계에서 가장 많은 이산화탄소를 배출하는 나라인 미국도 1997년 의정서에 서명하였으나, 2001년에 의정서를 폐기하였다. 근본적 이유는 미국 경제에 피해를 준다는 것이었다. 이와 유사한 반대가 1970년의 청정 공기 수정 법안의 통과에 앞서 자동차 산업에 의해 제기되었다. 이 법안은 1976년까지 자동차가 배출하는 3가지 오염물질인 일산화탄소, 질소산화물, 탄화수소를 90 % 감축하도록 요구하였다. 그들의 반대에도 불구하고, 수정 법안은 미국 자동차 제조업자들에게 1975년까지 촉매 변환 장치의 발명을 하도록 유발시켰다. 이 발명은 위탁받은 대로 오염물질의 감축뿐만 아니라 유익한 발명 특허를 만들도록 하였다. 미국 경제도 자동차 산업 어느 누구도 1970년 규제에 고통받지 않았다. 예를 들면 1970년부터 2000년까지 미국의 자동차 대수는 두 배로 늘었지만 오염물질의 증가는 1/3배에 불과했다. 달러 가치를 고정시키자 미국 국내총생산(Gross Domestic Product; GDP)은 두 배로 증가하였으나 이 기간 동안 실업률은 4.9~4.0 %로 감소하였다. 청정 공기 수정 법안 하에서 이루어진 엄중한 대기오염 규제는 전반적으로 미국 경제에 해로운 결과를 나타내지 않았다.

현재의 경우, 교토의정서를 만족시키는 쪽으로 이산화탄소를 감축하기 위한 장기적인 방법이 미국과 다른 국가들에서 사용되고 있다. 이 방법은 전기 발전을 석탄과 천연가스로부터 풍력으로 일부 전환시키는 것이다. 1980년대 이후 풍력 터빈의 크기와 효율성이 개량되었기 때문에, 터빈이 충분히 강한 바람에 노출되면, 가장 큰 터빈으로부터 얻는 에너지의 직접 단가는 3~4 ₵/kWh이다[76]. 이 단가는 새롭게 분쇄된 석탄과 천연가스를 사용하는 발전소의 단가인 3.3~4 ₵/kWh와 비교된다. 석탄이 건강, 환경, 지구온난화에 끼치는 영향에 대한 추정 단가는 2~4.3 ₵/kWh가 부가되며, 천연가스는 1.2~2.2 ₵/kWh가 부가되고 바람 에너지의 직접적인 효과에 건강과 환경을 더한 단가는 석탄 또는 천연가스 에너지의 단가보다 더 적다. 만약 연방 정부가 1년 예산의 3~4 %를 36,000~40,000개의 대형 바람 터빈 구매에 사용하여 20년 동안 전기를 소비자에게 판매한다면, 미국은 석탄 에너지의 10 %를 돈을 들이지 않고 대체할 수 있었다. 교토의정서에 의한 미국의 온실기체 감축은 1999년에 이르러 석탄 에너지의 59 %를 214,000~236,000개의 대형 바람 터빈으로 대체하도록 하는 것이었다. 1 $km^2$ 당 6개로 설치한 바람 터빈은 농장 또는 해양의 194×194 $km^2$ 상에 펼쳐졌다. 석탄을 바람으로 대체함에 따라 석탄 노동자들을 다른 산업체에 새로운 직업을 제공하도록 하였다. 더 중요한 사항은 석탄 채굴과 연소에 관련되는 건강과 환경 문제를 줄일 수 있다는 것이었다.

교토의정서는 지구온난화와 싸우는 데 필요한 첫 번째 단계였기 때문에, 의정서는 지구온난화가 천천히 일어나도록 하는 데 효과적이고 강력한 조처가 되어야 한다. 만약 보다 더 많은 국가들이 배출을 감축된다면, 의정서 이행은 더욱더 효과적으로 이루어질 것이다. 그러나 의정서에는 BC의

76) Jacobson, M. Z. and G. M. Masters, 2001 : Exploiting wind versus coal. *Science*, 293, 1438.

배출을 감축하는 요구사항이 포함되어 있지 않았다. BC를 조절하는 것이 지구온난화를 늦추는 가장 효과적인 방법이다[77]. BC 조절의 이점을 그림 5-13에 제시하였다. 그림에서는 화석연료 연소에 의한 블랙 카본과 유기물질(f.f. BC+OM), 인공 이산화탄소, 인공 메탄가스의 배출을 제거하였을 때를 비교하였다. OM의 제거는 BC의 제거도 포함한다. 왜냐하면 BC를 방출하는 모든 화석연료는 OM을 방출하기 때문이다. 동시에 OM를 제거하지 못하면 BC를 제거하는 것이 어렵게 된다. 그림에서는 BC+OM을 제거하면 3년 후 0.3 K 이상의 한랭 기후를 이룰 수 있다는 것을 보여주고 있다. 이러한 급격한 온도 감소는 BC+OM 배출을 제거하면 BC+OM의 대기 중 농도가 급격하게 감소하고 이에 따라 농도 변화에 온도가 빠르게 반응한다는 사실로부터 일어난다. 이산화탄소의 대기 수명은 50~200년 범위이다. 따라서 이산화탄소의 배출의 제거는 오랜 기간 동안 온도에 영향을 미친다. 그림 5-13은 BC+OM의 어떠한 배출 감소는 임의의 기간 동안 이산화탄소 또는 메탄의 배출 감소보다 더 지구온난화를 늦출 것이다. 모든 BC+OM와 인공적인 이산화탄소와 메탄 배출은 25~100년 동안 함께 제거될 것이다.

그림 5-13에서 최종 한랭화 값은 이산화탄소, 메탄, BC+OM로부터 이루어지는 순 지구온난화가 약 +1.5 K이라는 것을 암시한다. 만약 이산화탄소를 포함한다면, 다른 온실기체들은 총 +1.9 K의 온난화를 만들게 된다. 약 1.2 K에 해당하는 이러한 온난화는 황산염, 질산염, 이차 유기물, 날리는 재, 토양 먼지, 바이오매스 연소 입자와 같은 다른 인공적인 입자들에 기인한 한랭화와 되먹임 현상에 의해 억제되는 것으로 추정되고 있다. 온실기체

77) Jacobson, M. Z., 2005 : Control of fossil fuel particulate black carbon plus organic matter, possibly the most effective method of slowing global warming. *J. Geophys. Res.* 110, D14105, doi : 10.1029/2005JD005888

와 BC+OM에 의한 순 온난화는 +0.7 K로 주어진다. 기후의 자연 변동은 온난화를 이루거나 한랭화를 일으키지만 1860~2000년 사이의 순 효과는 거의 영(0)에 가깝다[78]. 1856~1999년 사이의 관측된 온난화는 +0.75±0.15 K이다. 따라서 관측된 순 지구온난화는 온실기체, BC+OM, 다른 분진들을 고려하여 거의 일치시킬 수 있다. 그림은 또한 다른 변화 없이 모든 BC+OM를 제거시키면 순 지구온난화의 40 % 이상을 감소시킬 수 있다는 것을 보여준다. 이산화탄소 배출량을 1/3 감축시키면 동일한 효과를 얻을 수 있지만 50~200년이 걸린다.

이러한 결점에도 불구하고, 교토의정서는 환경 파괴를 조절하는 첫 번째 시도라는 점에서 중요하다. 배출에 책임을 지는 국가들이 대부분의 이 의정서에 적응하지 못하거나 더 강하게 다루지 못하면, 지구온난화 문제는 악화될 것이다.

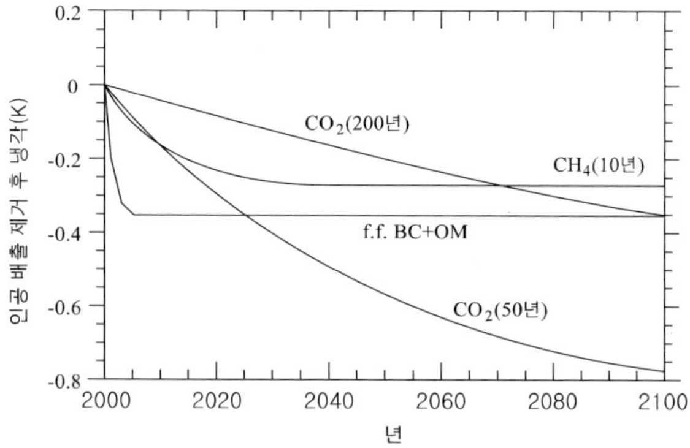


**그림 5-13** 향후 100년 동안 $CO_2$(g), $CH_4$(g), f.f. BC+OM의 모든 인공 배출을 제거하였을 때 결과적으로 추정된 온도 변화. 괄호 속의 숫자들은 기체들의 대기 중의 생존 시간을 추정한 것이다.(출처 : Jacobson, 2002)

78) Stott, P. A., S. F. B. Tett, G. S. Jones, M. R. Allen, J. F. B. Mitchell and G. J. Jenkins, 2000 : External control of 20th century temperature by natural and anthropogenic forcings. *Science*, 290, 2133-2136.

이산화탄소의 농도를 측정한

# 찰스 데이비드 킬링

Charles David Keeling, 1928~2005

미국의 지구화학자이자 대기화학자인 찰스 데이비드 킬링은 1928년 4월 20일 미국 펜실베이니아 주 북동부 스크랜튼(Scranton)에서 태어났다. 킬링은 1948년 화학으로 일리노이 대학교에서 학사 학위를 받았고 1954년 노드웨스턴 대학교(Northwestern University)[79]에서 화학으로 박사학위를 취득하였다[80].

킬링은 1956년 캘리포니아 대학교 샌디에이고 스크립스 해양연구소(Scripps Institution of Oceanography)에 들어와 사망할 때까지 이곳에서 해양학 교수로 재임하였다. 킬링은 스크립스 해양연구소에 근무하면서, 1961년부터 1962년까지 스웨덴 스톡홀름 대학교 기상연구소의 구겐하임 펠로(Guggenheim Fellow)로 파견되었다. 그리고 1969년부터 1970년까지 독일 하이델베르크 대학교 제2물리학 연구소의 게스트 교수로 근무하였고, 1979년부터 1980년까지 스위스 베른 대학교의 물리학 연구소에 게스트 교수로 근무하였다.

킬링은 현재 '킬링 곡선(Keeling curve)'로 널리 알려진 자료 세트를 만들었

79) 1851년 시카고에서 20 km 떨어진 일리노이 주 에반스톤에 존 에반스에 의해 설립

80) The Scripps Institution of Oceanography, 2005 : Obituaries. Charles David Keeling (1928-2005). BAMS, 1328-1329.

던 매우 정확한 측정을 기반으로 대기 중의 이산화탄소가 증가한 사실을 최초로 확인하였다. 그의 조사 이전에는 화석연료의 연소와 여러 산업 활동으로부터 방출된 이산화탄소가 대기 중에 축적될 것인지 아니면 완전히 해양과 육지 상의 식생 지역에 흡수될 것인지에 대해서 알지 못하였다. 그는 연소로부터 발생한 이산화탄소 중 대기 중에 체류하는 양을 처음으로 명확하게 결정하였다. 대기 중의 이산화탄소의 증가를 나타낸 킬링 기록은 1958년부터 하와이 주 마우나로아(Mauna Loa)[81]와 다른 청정 공기 지역(남극 관측소, 알래스카 주 바로우 포인트)에서 측정된 것으로 이들은 전 세계 변화의 연구를 위한 가장 중요한 시계열 자료 세트로 많은 사람들이 믿고 있는 것이다.

킬링의 주요 관심 영역은 탄소의 지구화학과 자연에서 탄소 순환을 강조하는 대기화학 분야이다. 그는 이런 분야의 연구에서 국제적인 선도자였고 또한 화석연료의 연소를 통한 대기권과 토지 이용의 변화에 대한 연구와 탄소 순환과 기후변화 사이의 복잡한 관련성에 관한 연구를 수행하였다. 킬링은 또한 해수 중에 용해되어 있는 탄소 양을 정확하게 측정함으로써 이산화탄소의 대기 중의 농도를 조절하는 해양의 역할을 연구하였다. 그가 죽을 때까지, 킬링은 조석 효과와 같은 기후 과학의 선구자로서 연구했을 뿐만 아니라 이산화탄소에 대한 연구에 전념하였다.

킬링은 또한 탄소 순환 모델링에 전념하였다. 1996년 킬링은 스크립스 해양연구소의 동료들과 함께 대기 중의 이산화탄소에서 북반구 계절 순환의 진폭이 증가하고 있다는 점을 밝혔다. 이는 성장 계절이 더 일찍 시작한다는 주장에 대해 독립적인 지지를 보낸 것으로 아마도 지구온난화의 반응일

81) 19°32′N, 155°35′W.

것으로 생각되었다.

1981년 킬링은 오랜 기간 대기 중의 이산화탄소 농도를 측정하여 대기 중의 이산화탄소의 농도가 계통적으로 증가하고 있다는 것을 밝힌 자신의 기본적이고도 탁월한 업적으로 AMS Second Half Century Award를 수상하였다.

1991년 킬링은 미국지구물리연합의 모리스 어윙 메달을 받았다. 또한 1993년 킬링은 일본 과학위원회(the Science Council of Japan)와 아사히 재단으로부터 푸른 행성 상(Blue Planet Prize)을 받았다.

1997년 킬링은 부통령인 앨 고어가 개최한 백악관의 의식에서 40년 동안 마우나로아 관측소와 연결된 대기 이산화탄소를 모니터한 탁월한 과학적 업적을 기려 특별 공로상(special achievement award)을 수여받았다. 2002년 조지 W. 부시 대통령은 일생 동안 과학 연구에 공로가 있는 사람에게 수상하는 최고의 상인 국가과학메달(National Medal of Science) 수상자로 킬링을 선정하였다. 국가과학재단(National Science Foundation)은 백악관에 제출한 수상자 선정 이유로 킬링이 전 지구 기후변화를 연구하는 데 가장 중요한 자료를 수집하여 기후변화에 이산화탄소가 미치는 영향에 대한 선구자적인 연구를 수행한 점을 높이 평가하였다고 밝혔다. 샌디에이고 프레스 클럽은 킬링을 과학 분야의 '올해의 저명인사'로 선정하였다. 2005년 4월 킬링은 환경과학 분야에서 세계에서 가장 탁월한 상으로 고려되는 환경공로상인 타일러 상(Tyler Prize)을 수상하였다.

킬링은 미국 학술원(the American Academy of Arts and Sciences), 미국 지구물리학연합(the American Geophysical Union), 미국과학진흥협회(the Americal Association for the Advancement of Science)의 펠로였고 국립과학원과 미국철학학회의 정회원이었다. 또한 해양과 대기 중의 이산화탄소에 관한 2개의 국제 콘퍼런스

를 개최하였고 이와 유사한 수많은 모임의 발표자로 참석하였다. 그는 거의 100 편의 연구 논문을 저술하기도 하였다.

20년 동안 그는 국제 기상학・대기물리학연합(the International Association of Meteorology and Atmospheric Physics)의 대기화학과 전 세계 오염에 관한 위원회의 위원으로 세계기상기구의 이산화탄소 조정 중앙 연구소(the Central CO2 Calibration Laboratory)의 과학담당 소장으로 근무하였다.

킬링은 과학 이외의 생활도 즐겼다. 그는 옥외 스포츠를 열렬히 즐겼고 황야를 옹호한 사람이었으며 하이킹과 캘리포니아, 몬태나, 캐나다, 스위스 산맥에서 캠핑을 즐기는 사람이었다. 그는 캘리포니아의 종합계획 델 나르(Del Mar)의 도시의 주 저자였다. 그는 완벽한 피아니스트이자 USCD Madrigal Singers의 창설 지휘자였고, 그의 친구, 동료, 자식들과 함께 실내악을 연주하면서 즐겼다. 그의 음악 경력은 거의 과학 경력을 능가하였다.

대기 온실기체 축적에 관한 선도적인 전문가이며 기후과학의 선도자인 캘리포니아 대학교 샌디에이고 캠퍼스(UCSD) 스크립스 해양연구소의 찰스 데이비드 킬링은 심근경색으로 고생하다 2005년 6월 20일 몬태나의 그의 집에서 사망하였다. 그의 나이 77세였다. 킬링은 헌신적이고 사랑스러운 남편이자 아버지였다. 그는 아내 루이즈(Louise)와 50년간 결혼 생활을 영위하였다[82].

---

82) Scripps Institution of Oceanography, 2005 : Obituaries. Charles David Keeling(1928 -2005). *Bull. Amer. Meteor. Soc.,* 86(9), 1328-1329.

# 참고문헌


강용희, 민경덕, 안병호, 양승영, 윤일희, 이윤종, 임성규, 2001 : 대학지구과학. 형설출판사. 436 pp.

김범철, 이승환 옮김, 1990 : 지구환경보고서. 도서출판 뜨님. 398 pp.

김범철, 이승환 옮김, 1991 : 지구환경보고서. 도서출판 뜨님. 421 pp.

김범철, 이승환 옮김, 1992 : 지구환경보고서. 도서출판 뜨님. 428 pp.

김범철, 이승환 옮김, 1993 : 지구환경보고서. 도서출판 뜨님. 430 pp.

김범철, 이승환 옮김, 1995 : 지구환경보고서. 도서출판 뜨님. 432 pp.

김범철, 이승환 옮김, 1998 : 지구환경보고서. 도서출판 뜨님. 405 pp.

김범철, 이승환 옮김, 2001 : 지구환경보고서. 도서출판 도요새. 316 pp.

김유근, 이화운, 1999 : 대기오염개론. 시그마프레스. 280 pp.

박종길, 윤일희, 조완근, 이부용, 이기호, 김조천, 박문기, 이병규, 전병일 역, 알기쉬운 대기오염학(개정판), 2002 : 동화기술. 491 pp.

원종관 옮김, 1996 : 지구환경의 변천-현대우주과학에로의 초대. 전파과학사. 308 pp.

윤일희 역, 1998 : 대기오염기상학. 시그마프레스. 236 pp.

윤일희 역, 2003 : 미기상학개론(제2판). 시그마프레스. 428 pp.

윤일희 편역, 2004 : 현대기후학. 시그마프레스. 498 pp.

윤일희, 2006 : 스토리기상학. 경북대학교 출판부. 346 pp.

윤일희, 2007 : 천재들의 과학노트(6 대기과학)-과학사 밖으로 뛰쳐나온 대기과학자들. 일출봉. 265 pp.

한명수 옮김(시마자키 다쓰오 지음), 1989 : 지구의 수호신 성층권 오존-왜 주는가? 줄면 어떻게 되는가? 전파과학사. 210 pp.

Abdakati ; Waleed, 2006 : Recent Changes in high-latitude glaciers, ice caps and ice sheets. *Weather*, 61(4), 95-101.

Brown, Lester R., Janet Abramovitz, Chris Bright, Christopher Flavin, Gary Gardner, Hal Kane, Anne Platt, Sandra Postel, David Roodman, Aaron Sachs, and Linda Starke, 1996 : *State of the World.* W. W. Norton & Company. 249 pp.

Brown, Lester R., Christopher Flavin, Hilary French, Janet Abramovitz, Chris Bright, Gary Gardner, Anne McGinn, Michael Renner, David Roodman, and Linda Starke, 1997 : *State of the World.* W. W. Norton & Company. 229 pp.

Brown, Lester R., Christopher Flavin, Hilary French, Janet Abramovitz, Seth Dunn, Gary Gardner, Ashley Mattoon, Anne Platt McGinn, Molly O´Meara, Michael Renner, David Roodman, Payal Sampat, Linda Starke, and John Tuxill, 1999 : *State of the World.* W. W. Norton & Company. 229 pp.

Brown, Lester R., Christopher Flavin, Hilary French, Janet Abramovitz, Chris Bright, Seth Dunn, Brian Halweil, Gary Gardner, Ashley Mattoon, Anne Platt McGinn, Molly O´Meara, Sandra Postel, Michael Renner, and Linda Starke, 2000 : *State of the World.* W. W. Norton & Company. 276 pp.

Boubel, Richard W., Donald L. Fox, D. Bruce Turner, and Arthur C. Stern, 1994 : *Fundamentals of Air Pollution(3rd ed.).* Academic Press. 574 pp.

Bouma, W. J., G. I. Pearman, M. R. Manning, 1996 : *Greenhouse–Coping with Climate Change.* CSIRO Publishing. 682 pp.

Bridgman, Howard A. and John E. Oliver, 2006 : *The Global Climate System–Patterns, Processes, and Teleconnections.* Cambridge University Press. 331 pp.

Brimblecombe, Peter, 1996 : *Air Composition & Chemistry(2nd ed.).* Cambridge University Press. 253 pp.

Brodine, Virginai, 1971 : *Air Pollution.* Harcourt Brace Jovanovich, Inc. 205 pp.

Colls, Jeremy, 1997 : *Air Pollution–An introduction.* E&FN SPON. 341 pp.

Crowder, Bob, 1995 : *The Wonders of the Weather.* Australia Government Publishing Service. Canberra. 270 pp.

Dobbins, Richard A., 1979 : *Atmospheric Motion and Air Pollution–An Introduction for Students of Engineering and Science.* John Wiley & Sons. 323 pp.

Dolman, A. J., A. Verhagen, and C. A. Rovers, 2003 : *Global Environmental Change and Land Use*. Kluwer Academic Publishers. 210 pp.

Eagleman, Joe R., 1991 : *Air Pollution Meteorology*. Trimedia Publishing Company. 255 pp.

Eagleman, Joe R., 1996 : *Air Pollution Meteorology(2nd ed.)*. Trimedia Publishing Company. 258 pp.

Erickson, Jon, 1990 : *Greenhouse Earth-Tomorrow's Disaster Today*. TAB Books. 167 pp.

Fakeman, A. F., R. W. Simpson, 1987 : *Air Quality and Resource Development-A Risk Assessment in the Hunter Region in Australia*. Australian National University. 315 pp.

Field, Michael, 2007 : Pen portraits of Presidents-G.M.B. Dobson. *Weather*, 62(5) 121-123.

Godish, Thad, 1997 : *Air Quality(3rd ed.)*. Lewis Publishers. 448 pp.

Hardy, John T., 2003 : *Climate Change-Causes, Effects, and Solutions*. John Wiley & Sons. 247 pp.

Harris, Francis, 2004 : *Global Environmental Issues*. John Wiley & Sons. 324 pp.

Hill, Marquita K., 1997 : *Understanding Environmental Pollution*. Cambridge University. 316 pp.

Houghton, John, 1997 : *Global Warming-The Complete Briefing(2nd ed.)*. Cambridge University Press. 251 pp.

Intergovernmental Panel on Climate Change (IPCC), 1990 : *Climate Change. The IPCC Scientific Assessment. Houghton*, J. T. et al., eds. Cambridge University Press, Cambridge, United Kingdom and New York, NY, USA. 365 pp.

Intergovernmental Panel on Climate Change (IPCC), 1992 : *Climate Change 1992. The Supplementary Report to the IPCC Scientific Assessment*. Houghton, J. T. et al., eds. Cambridge University Press, Cambridge, United Kingdom and New York, NY, USA. 200 pp.

Intergovernmental Panel on Climate Change (IPCC), 1995 : *Climate Change 1994. Radiative Forcing of Climate Change and an Evaluation of the IPCC IS92 Emission Scenarios*. Houghton, J. T. et al., eds. Cambridge University Press,

Cambridge, United Kingdom and New York, NY, USA. 339 pp.

Intergovernmental Panel on Climate Change (IPCC), 1996 : *Climate Change 1995. The Science of Climate Change.* Houghton, J. T. et al., eds. Cambridge University Press, Cambridge, United Kingdom and New York, NY, USA. 572 pp.

Intergovernmental Panel on Climate Change (IPCC), 1999 : *Special Report on Aviation and the Global Atmosphere.* Penner, J. E., et al., eds. Cambridge University Press, Cambridge, United Kingdom and New York, NY, USA. 373 pp.

Intergovernmental Panel on Climate Change (IPCC), 2001a : Climate Change 2001. The Scientific Basis. Contribution to Working Group I to the Third Assessment Report of the Intergovernmental Panel on Climate Change. Cambridge University Press, New York. Houghton, J. T. et al., eds. Cambridge, United Kingdom and New York, NY, USA. 881 pp.

Intergovernmental Panel on Climate Change (IPCC), 2001b : Climate Change 2001. Synthesis Report. Contribution to Working Group I, II, and III to the Third Assessment Report of the Intergovernmental Panel on Climate Change. Watson, R. T. et al., eds. Cambridge, United Kingdom and New York, NY, USA. 398 pp.

Intergovernmental Panel on Climate Change (IPCC), 2007a : Climate Change 2007. The Physical Scientific Basis. Contribution to Working Group I to the Fourth Assessment Report of the Intergovernmental Panel on Climate Change. Solomon, Susan et al. eds., Cambridge, United Kingdom and New York, NY, USA, New York. 996 pp.

Intergovernmental Panel on Climate Change (IPCC), 2007b : Climate Change 2007. Impacts, Adaptation and Vulnerability. Contribution to Working Group II to the Fourth Assessment Report of the Intergovernmental Panel on Climate Change. Parry, Martin et al.(eds)., Cambridge, United Kingdom and New York, NY, USA. 976 pp.

Intergovernmental Panel on Climate Change (IPCC), 2007c : Climate Change 2007. Mitigation of Climate Change. Contribution to Working Group III to the Fourth

Assessment Report of the Intergovernmental Panel on Climate Change. Metz, Bert et al. eds., Cambridge, United Kingdom and New York, NY, USA. 851 pp.

Jacob, D. J., 1999 : *Introduction to Atmospheric Chemistry*. Princeton University Press, Princeton, N. J.

Jacobson, Mark Z., 2002 : *Atmospheric Pollution-History, Science, and Regulation*. Cambridge University Press. 399 pp.

Johanessen, O. M., L. Bengtsson, M. W. Miles, S. I. Kuzmina, V. A. Semenov, G. V. Aledseev, A. P. Nagumyi, V. F. Zakharov, L. P. Bobylev, L. H. Pettersson, K. Hasselmann and H. P. Cattle, 2004 : Arctic climate change : observed and modelled temperature and sea-ice variability. *Tellus*, 56A, 328-341.

Kondratyev, Kirill Ya., Valdimir F. Krapivin, and Costas A. Varotsos, 2003 : *Global Carbon Cycle and Climate Change*. Springer. 368 pp.

Leggett, Jeremy, 2001 : *The Carbon War-Global Warming and the End of the Oil Era*. Routledge, New York. 342 pp.

Marland, G., T. A. Boden and R. J. Anders, 2000 : Global, regional, and national $CO_2$ emissions. In *Trends Online : A Compendium of Data on Global Change*. Carbon Dioxide Information Analysis Center, Oak Ridge National Laboratory, U.S. Department of Energy, Oak Ridge, Tenn.

McElroy, Michael, 2002 : *The Atmospheric Environment-Effects of Human Activity*. Princeton University Press. 326 pp.

Moussiopoulos, Nicolas(Editor), 2003 : *Air Quality in Cities*. Springer. 298 pp.

Nilsson, Annika, 1996 : *Ultraviolet Reflections-Life Under a Tinning Ozone Layer*. John Wiley & Sons. 152 pp.

Parson, Edward A., 2003 : *Protecting the Ozone Layer-Science and Strategy*. Oxford University Press. 377 pp.

Pearce, Fred, 2002 : *Global Warming-A Beginner's Guide to our Changing Climate*. DK Publishing, Inc. 72 pp.

Perkins, Henry C., 1974 : *Air Pollution*. McGraw-Hill Book Company. 407 pp.

Rothrock, D.A. and J. Zhang, 2004 : Arctic Ocean sea-ice volume : What explains its recent depletion? J. Geophys. Res., 110, C01002.

Seinfeld, J. H. and S. N. Pandis, 1997 : Atmospheric Chemistry and Physics. New York ; John Wiley and Sons.

Shanklin, J.D., 2001 : Back to basics : The ozone hole. Weather, 56, 222-230.

Valley, S.(ed.), 1965 : *Handbook of Geophysics and Space Environments.* U.S. Air Force Cambridge Research Laborotories, McGraw-Hill, New York.

Wallace, John M. and Peter V. Hobbs, 2006 : *Atmospheric Science-An Introductory Survey(2nd ed.)*. Academic Press. 483 pp.

Wark, Kenneth, and Cecil F. Warner, 1981 : *Air Pollution-Its Origin and Control(2nd ed.)*. Harper & Row, Publishers. 526 pp.

Weart, Spencer R., 2003 : *The Discovery of Global Warming*. Harvard University Press. 228 pp.

Wellburn, Alan, 1988 : *Air Pollution and Acid Rain : The Biological Impact.* Longman Scientific & Technical. 274 pp.

World Meteorological Organization, 2003 : *Climate into the 21st Century*. Cambridge University Press. 240 pp.